生物标本

制作与艺术

CREATING ART WITH SCIENCE

辛广伟 胡晓倩 孟世勇 张泉 龙玉 编著

北京大学出版社
PEKING UNIVERSITY PRESS

图书在版编目（CIP）数据

生物标本制作与艺术 / 辛广伟等编著 . —北京：北京大学出版社，2021.10
ISBN 978-7-301-32479-0

Ⅰ . ①生… Ⅱ . ①辛… Ⅲ . ①生物—标本制作 Ⅳ.①Q-34

中国版本图书馆CIP数据核字（2021）第184149号

书　　　名	生物标本制作与艺术	
	SHENGWU BIAOBEN ZHIZUO YU YISHU	
著作责任者	辛广伟　胡晓倩　孟世勇　张泉　龙玉　编著	
责 任 编 辑	郑月娥　刘洋	
标 准 书 号	ISBN 978-7-301-32479-0	
出 版 发 行	北京大学出版社	
地　　　址	北京市海淀区成府路205号　100871	
网　　　址	http://www.pup.cn　新浪微博：@北京大学出版社	
电 子 信 箱	zye@pup.cn	
电　　　话	邮购部 010-62752015　发行部 010-62750672　编辑部 010-62764976	
印 刷 者	北京宏伟双华印刷有限公司	
经 销 者	新华书店	
	787毫米×980毫米　16开本　11.5印张　200千字	
	2021年10月第1版　2021年10月第1次印刷	
定　　　价	68.00元	

序

　　"生物标本制作与艺术"是近年来北京大学深受同学们喜爱的一门网红课程，该课程由生物教学实验中心不同研究方向的几位老师共同主持。我在生物标本馆看过他们的一些作品，很有创意。一年前，他们告知将出版一本课程教材，并且邀请我写个序，我很高兴地答应了。今天我很高兴看到并阅读了《生物标本制作与艺术》一书的样书。

　　这本书的设计理念是将科学实验和艺术创作进行有机结合。在内容上，包括了生物学中的微生物学、植物学、动物学、生态学和细胞生物学等多个领域的基础实验操作技术，融入微生物基本概念、无菌操作、显微镜的工作原理和显微样本制备、植物展示标本制作、生态拓印以及压花艺术等多种多样的趣味实验和生物实践技巧，使得本书集科学性、艺术性和实践性为一体，内容丰富翔实。

　　本书编写精良，图文并茂。书中提供的丰富的应用案例和示范视频使得本书的实用性和可操作性很强。高质量的插图，可以帮助读者迅速了解生物学常识并掌握基础的操作方法，从而发挥自己的想象力和创造力，在实验室或家中就可以创作出独具风格的生物艺术作品。

　　我很乐意向同学们和广大生物爱好者们推荐这本书。希望大家跟随书中的文字，走入一个由动植物以及微生物组成的自然世界。读者们可以尝试从身边取材，体会万象美好，感受大自然的神奇，并解析万物之谜。

许智宏

北京大学生命科学学院/现代农学院教授

中国科学院院士

2021.10.6 于燕园

前　言

　　"生物标本制作与艺术"是北京大学的一门全校公选课，最早开课于 2017 年春季。当时开设此课程有两个契机，一是全新的北京大学生物标本馆落成，为全校师生乃至社会各界提供了一个了解和学习生物多样性的场所，也可以作为本课程的主要教学资源；二是在多年生物教学或科学研究的过程中，老师们深切体会到生命世界的美好，从森林草原到叶片花粉，从熊狮虎豹到飞鸟鱼虫，生命的形态虽有不同，但同样生机勃勃又淳朴沉静，既能洗涤心灵，更能激发灵感。故此，几位老师不断讨论，利用各自的专业知识和业余爱好，将生物学内容和美学形式融合在一起，共同开发出了现在的课程内容。课程设立的初心是想为非生物专业的学生提供一个探索、欣赏和保留生命之美的平台，希望在平心静气的艺术创作过程中，纾解学生日益增强的学习压力，陶冶情操，释放自我，使大家以更好的精神面貌去面对学业和生活。

　　作为北京大学生物科普类课程，"生物标本制作与艺术"希望能集科学性、艺术性和实践性为一体，为全校同学提供跨学科的学习机会。课程从艺术的角度入手，阐述了生命科学的硬核内涵。从开设至今，本课程受到了同学们的普遍欢迎，并有幸登上北京大学教务部的特色课程推送。本书的编写是基于多年来"生物标本制作与艺术"课程的积累和总结，它既可以作为生物专业的学生制作生物标本的参考书，也可以是对生物感兴趣的其他专业学生的生物学入门读物。书中涵盖了微生物学、植物学、生态学和细胞生物学等多个生物学领域，共分为五大模块。

　　微生物（microbes）形体微小，广泛分布于空气、水、土壤、衣服以及身体的皮肤、黏膜等处，又与人类的健康息息相关。在这一模块，首先讲述了微生物的基本概念和无菌操作的方法，然后讲述了检测人体体表及环境中的微生物的方法和微生物形态观察的要点。微生物种类繁多、繁殖迅速，还具有不同的颜色和形态。读者可以通过充分发挥个人想象和创作力，以微生物为"颜料"，培养皿为"画布"，利用科学的无菌操作手段，创作出独具特色的生物艺术（BioArt）。例如，利用基因改造后的大肠杆菌所表达的GFP、RFP、YFP等彩色荧光蛋白可以创作出只能在激发光下显色的非传统绘画，这些艺术作品兼具科学趣味和艺术表达，可以让读者充分体会到生长的艺术。

显微镜能将细微之处放大，大大拓展了人类视界。这一模块主要介绍怎样用体视镜和显微镜观察身边的物体。从肉眼观察到体视镜下操作，然后在显微镜下放大，一步步深入人们日常生活尺度以下的一个"微世界"。在显微镜下，片羽寸毫亦如高山大海，那些熙熙攘攘的微小生物似乎也有其离合悲欢。显微镜下的观察，正如一场旅行，走向"一沙一天堂、一花一世界"的广阔天地。

植物标本（plant specimen）是保存植物形态，研究植物多样性、保护生物学和生物学教育的一种特别的资料。国内外很多著名研究机构都收藏有非常多的植物标本，例如北京大学生物标本馆（PEY）收藏有6万份植物标本，其中保存有中国人最早大规模采集的植物标本。长期以来植物标本特别强调科学性，即一份标本上只保存一个植株的标本，具有采集地点、采集时间、生境和植物形态的详细描述，而忽略了其艺术性，导致标本的展示效果不强。在这一模块，讲述了科学标本与压花艺术相结合的植物标本制作方法，即在学习植物形态学描述和物种鉴定的方法的同时，又在标本上用同一个个体的植物材料或画笔等进行相应的艺术创作。如此就可以形成一种既具有科学严谨性又有艺术扩张力的植物展示标本，真正展现方寸之间的大千世界。

生态学（ecology）是研究生物与环境之间相互关系及其作用机理的科学。而运用拓印这门古老的技法来表现生态学的内容实在是再合适不过了。在这一模块中，介绍了可以用于生物标本制作的各个拓印分支，读者只需最简单的工具和随手可得的材料就可以完成植物叶片和植株的复刻，鸟类和哺乳动物脚印的采集，鱼类标本复现等有趣的工作。不管是直接的印拓、干拓、敲拓，还是利用石膏和陶泥进行的翻模拓印，都是在记录和复刻着生物体上最直接、最细微的痕迹。而正是这些痕迹表明了风雨中绿叶的坚强，海浪里大鱼的遨游，以及花朵与飞鸟、贝壳和岩石之间的恩怨情长，更可以看到时间在树干上烙下的华章，不管是野火招摇还是雨顺风调。当读者真真正正在自然界中慢慢寻找，细细观察，触摸到那些自然的印迹，并把它们拓进自己的心里时，就会与这个世界产生无法割舍的联系，这就是生态学的精髓。

压花艺术（pressed flower art）是源于植物标本的一种艺术形式。近年来国际、国内压花艺术发展很快，国内压花艺术也逐渐进入大学课堂。在这一模块，讲述了如何利用干燥的平面植物材料，设计制作出具有观赏性和实用性的艺术品。在创作过程中，读者可以利用植物的根、茎、叶、花、果和树皮等干燥的平面植物材料，巧妙地运用植物的质地、形状、色彩和线条等特性，完成一幅幅格调高雅、色彩丰富、形式多样的压花作品，用自己的艺术创作定格大自然的美好瞬间。

为了方便读者进行实际操作，本书在文字、图片表述之外，还在相应位置配备了示范视频。在编写原则上，本书兼顾了标本制作过程中的科学性和艺术性，并将很多生物学实验简单化、生活化。即读者在了解了标本制作背后的生物学基本原理和基本操作之后，即使在宿舍、家里或任何场所，也能做出美丽的生物标本。大千世界存在着千百万种人们意想不到的生命形式和生活方式，它们其实就在我们身边，等待我们去发现。希望读者可以利用本书中所提及的观察、制作方法去探索、发现那些千姿百态、神秘而美丽的生命中的艺术，相信在这一过程中，你能体验艺术创作的欣喜，并感悟更多生命的真谛。

在本书出版的过程中，我们得到很多单位和个人的热情支持：北京大学教务部为本书出版提供了经费和资源支持；北京大学生命科学学院主管教学的副院长王世强老师、生物实验教学中心主任贺新强老师、教务葛丽丽老师为本书出版提供了热情的帮助；许智宏院士百忙之中为本书作序，并热情推荐；高远和兰青同学拍摄并制作了书中的示范视频；北京大学生物标本馆的叶律老师帮助绘制了部分插图，曾傲雪老师提供了部分视频和图片；在出版过程中，北京大学出版社的郑月娥和刘洋老师精益求精地对图文进行了加工设计，在此一并表示最深切的敬意。还要特别感谢所有参与"生物标本制作与艺术"课程的同学，正是每一学期同学们的热情参与，使课程内容不断更新完善，才让我们最终有信心编写此书。

尽管编者已付出极大努力，但我们仍深感自己的知识和能力有限，所以难免有疏漏和错误，请读者海涵和指正，待以后进行修订。

编者

2021 年 8 月

目 录

第一部分

微生物学　生长的艺术

引　言 2
一、准备"画板" 7
二、发现身边的微生物 13
三、色彩缤纷的细菌 19
四、微生物艺术创作 23
作品赏析 27
结　语 32
参考资料 33

第二部分

显微　到微观世界去旅行

引　言 36
一、显微观察方法 38
二、探秘身边微世界 51
三、显微标本制作保存 58
作品赏析 59
结　语 63
参考资料 65

第三部分

植物标本 方寸之间的大千世界

引　言	68
一、腊叶标本的制作	74
二、展示标本的制作	79
三、浸制标本的制作	82
作品赏析	84
结　语	94
参考资料	95

第四部分

生态学 拓印出来的自然印迹

引　言	98
一、印拓	102
二、干拓	107
三、鱼拓	109
四、植物敲拓染	114
五、石膏拓印	117
作品赏析	126
结　语	136
参考资料	137

第五部分

压花艺术 定格美好生活

引　言	140
一、植物花材的制备	142
二、压花书签的设计与制作	152
三、压花装饰画的设计与制作	156
四、立体干花装饰品的制作	160
五、滴胶压花饰品的制作	164
作品赏析	168
结　语	171
参考资料	172

第一部分

微生物学

生长的艺术

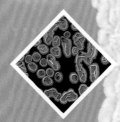

引 言

揭秘微生物

　　微生物泛指那些肉眼难以直接看见或看清的微小生物。微生物种类繁多，有成千上万种不同的群系。根据其结构特点，这些微生物可大概分为三个大类。第一是原核微生物，它们的遗传物质没有被核膜包围，而是随机分散在细胞质内，包括最常见的细菌、放线菌和支原体等；第二是真核微生物，它们的形体较大，遗传物质包裹在完整的核膜中，一般具有独立的内膜系统和细胞骨架，包括各种真菌、藻类和原生动物等；第三是非细胞类微生物，它们没有典型的细胞结构，只能依靠宿主细胞中的能量系统进行生长增殖，包括各种病毒和亚病毒等。

　　细菌是所有微生物中数量最多的一类，它们形态多样，主要有球状、杆状和螺旋状，分别被称为球菌、杆菌和螺旋菌，此外还有星形和正方形等多种形态。一般细菌的体形不超过 0.1 mm，但不同种属的细菌大小差别巨大（图 1）。1998 年，芬兰科学家卡兰德（Kajander）报道了一种在牛血清中发现的细菌，其平均直径约为 200 nm，最小直径仅 50 nm，为一般细菌的 $1/100 \sim 1/1000$，所以称其为纳米细菌。而目前已知最大的细菌是 1999 年德国微生物学家舒尔斯（Schulz）在非洲西南的纳米比亚海发现的一种球菌，这种菌的直径普遍有 $0.1 \sim 0.3$ mm，肉眼几乎可以看见。它们生活在含有高浓度硫化氢的海床沉积物中，菌体内含有硫磺颗粒，成行排列时宛如一串珍珠，因此舒尔斯将其命名为"纳米比亚硫磺珍珠菌"。

我们的地球上处处都有微生物在繁衍生息。从干燥的撒哈拉沙漠到多雨的巴西雨林、从繁华的大都市到少有人烟的喜马拉雅山脉，甚至在地球最深处的马里亚纳万米海沟和南极洲几百万年来一直未被人类打扰过的深冰层中，都活跃着微生物新陈代谢的身影。这些不可见的微小生物们事实上占据地球上生物总量的绝大部分，它们超过了海洋与陆地上所有的鱼类、哺乳动物和爬行动物数量的总和，它们才是地球真正的主宰者。

在演化的历史长河中，细菌最早出现在约 35 亿年前，是地球上最早的生命体。在漫长的岁月里，它们不停地固定氮元素，制造氧气，分解硫、甲烷和各种酸类，最终将地球塑造成今天这种适于多细胞生命宜居的星球。因此，多细胞生物的每一步演化都有

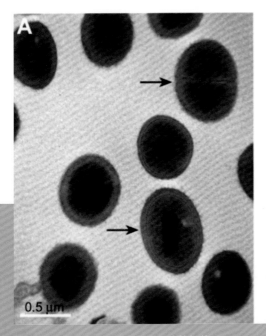
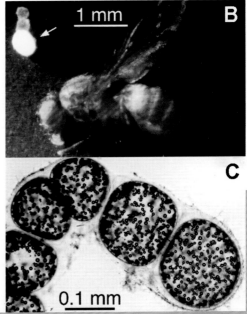

图 1 目前发现的世界上最小和最大的细菌

（A）纳米细菌在透射电子显微镜下的形态。箭头显示两个正在进行个体分裂的细菌。标尺为 0.5 μm。

（B）箭头指的是一个纳米比亚硫磺珍珠菌，其上方的两个透明空泡是两个已经死亡的细菌个体。箭头下方是一只体长约为 3 mm 的果蝇作为对照，由此可直观感受珍珠菌的大小。标尺为 1 mm。

（C）普通光学显微镜下显示的正常生活状态下的一串纳米比亚硫磺珍珠菌。标尺为 0.1 mm。

（图片改自 Zhang et al., 2014 和 Schulz HN et al., 1999）

微生物的协同陪伴，每种多细胞生物的体内及体表都栖居着大量的且具有该物种特色的微生物类群。我们人类（灵长类智人属）大概出现于25万年前，每个人的身体尤其是肠道内生活着大量的微生物。2007年底，美国、欧盟、中国、日本等十几个国家联合启动了人类微生物基因组计划。其研究结果显示，我们人体中微生物细胞的数量可能是人体自身细胞数量的3倍。这些微生物主要是细菌，还有小部分的真菌和病毒。它们共有200多万种不同的基因，大约是人类基因总量的100倍。换言之，人体中约99%的基因并不属于我们自己，而是属于微生物，我们眼中的"自我"其实是一个混杂着多个物种的结合体，一个行走的广袤生态世界。数量庞大的微生物驻扎在我们的体表和体内，与人类共同进化并相互影响，因此诺贝尔生理学或医学奖获得者乔舒亚·莱德伯格（Joshua Lederberg）曾把人类称为是"一种与共生微生物构成的超级生物体（superorganism）"。

需要注意的是，由于大部分的微生物平时隐而不见，一般只有当人体患病并激起免疫系统的反抗时，人们才会意识到微生物的存在，所以微生物往往被认为是"卑鄙的偷袭者"，对人体有百害而无一利。但事实上，大部分微生物不是病原体，并不会让我们得病，世界上只有不到100种细菌能让人类患上传染病。自25万年前人类诞生以来，微生物从来都是人体生态系统的一部分，它们中有"远古宿敌"，但更多的是"陈年老友"。它们可以帮助人类宿主消化吸收食物，合成氨基酸，并提供免疫保护等多种关键服务，也从宿主获得营养和栖身之地，双方密切合作互利共生，是一个携手共进的生命联盟。

培养皿里种出"画"

微生物的繁殖方式简单。大多数单细胞微生物都采用无性繁殖的方式进行增殖，即自己可实现自体增殖。例如，在合适的温度和理想的营养条件下，细菌一般通过二分裂的方式进行繁殖，即一个菌体中的DNA复制成两份，菌体逐渐延长，到一定程度后菌体中间形成隔膜，从而将DNA和细胞质一分为二，形成两个相同的子细胞。细菌的繁殖速度相当惊人。以大肠杆菌为例，在完全理想的生存条件下，12.5～20 min即可繁殖

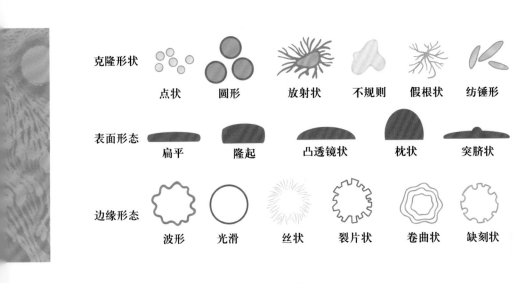

克隆形状　　点状　　圆形　　放射状　　不规则　　假根状　　纺锤形

表面形态　　扁平　　隆起　　凸透镜状　　枕状　　突脐状

边缘形态　　波形　　光滑　　丝状　　裂片状　　卷曲状　　缺刻状

图 2　菌落的多种形态

一代。一个大肠杆菌在 48 h 所产生的后代约为 2.2×10^{43} 个，质量约等于 4000 个地球。这期间包含了无数变异的可能，其中有可能出现耐药的超级细菌，为人类的健康带来危害，也有可能出现快速分解塑料、石油、玻璃等现代材料的新型细菌，从而为科学家筛选具备特殊能力的细菌提供了成功可能性。

如果使微生物生长在固体培养基表面，再经过一段时间的生长繁殖后，微生物个体会在固体培养基的表面聚集成堆，几百万个微生物个体就会形成一个肉眼可见的细胞群，称为菌落（colony）。菌落具有一定的特征，其特征与该微生物个体的细胞结构、排列方式、运动性等特点相关（图 2）。细菌的

菌落一般较小，大多数菌落表面光滑湿润、质地颜色均匀，与培养基结合松软。放线菌的菌落较小，表面干燥，与培养基结合紧密，难以挑起，闻起来常有土腥味。霉菌的菌落一般形态较大，质地疏松，外观干燥，呈蛛网状或绒毛状，菌落正反面的颜色以及边缘和中心的颜色常不一致。因此，菌落特征是鉴定菌种的重要依据。

作为一种与人类共同生活的物种，微生物本身就非常美丽，只是大家平常不太有机会去观察。在实验室中，借助简单的无菌培养和显微观察技术，就可以窥探到微观世界的魅力。这些颜色丰富多样、形态林林总总的微生物也为艺术创作提供了良好的素材。

A

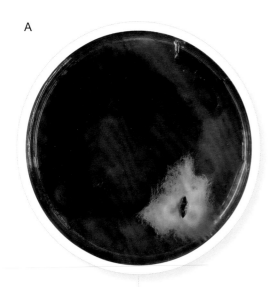

如果以微生物为"颜料"，经过精巧的设计和科学的无菌操作手段，我们可以在培养基中"种"出独一无二的微生物艺术作品。这些活的艺术作品画伴随着微生物的生长，每天会呈现出不同的姿态（图3）。

在本部分中，我们将一起来学习如何检测体表和环境中的微生物，以及如何利用微生物创作出令人惊叹的"生物艺术"，并从艺术的角度去认识科学之美。

B

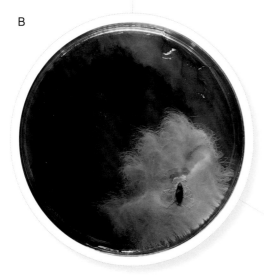

C

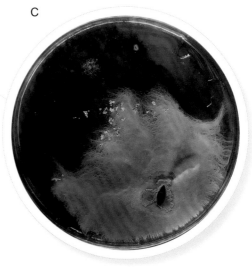

图 3　菌的生长

将菌落接种在培养基的右下方，在培养一天（A图）、两天（B图）和三天（C图）后会铺展成不同的形状。

一、准备"画板"

利用微生物进行艺术创作所需的"画板"是固体培养基。所谓固体培养基，就是经人工配制而成的适合微生物生长的营养基质，同时在培养基中加入适量的琼脂粉以使培养基保持为固体形态。培养基一般都含有碳源、氮源、无机盐等多种营养成分。由于微生物种类及代谢类型的多样性，不同的微生物所偏好的培养基具体成分有所差异。例如，细菌和放线菌等原核生物喜欢在中性或微碱性的环境中生长，酵母和霉菌等真核生物则适于在偏酸性环境中生长。不同培养基的配方虽各有差异，但配制步骤却大体相同。

所有配制好的固体培养基都要进行灭菌，利用高温、紫外线、杀菌剂和抗生素等可以抑制微生物的生长，甚至将菌体杀死。高压

蒸汽灭菌是实验室最常用的一种灭菌方法，其原理是把灭菌物品放在一个密闭的高压蒸汽灭菌器中，当灭菌器内的水蒸气压力达到 1.1 MPa 时，水的温度可达 121℃，在这种条件下维持 15～20 min，即可使微生物的菌体蛋白、酶、核酸及孢子变性，不可逆地发生失活。需要注意的是，在上述灭菌条件下，培养基中的葡萄糖可被破坏 20%，麦芽糖甚至可被破坏 50%，因此，当培养基中含有这两种糖时，可适当降低灭菌温度并延长灭菌时间（114℃，维持 30 min）来进行灭菌。

配制 LB 固体培养基

LB（lysogeny broth，即溶菌肉汤）培养基是一种适于大多数细菌生长繁殖的培养基，它使用广泛、制作简单，配方只有酵母提取物、蛋白胨和 NaCl 这三种营养成分（表 1）。其中酵母提取物提供了维生素（包括 B 族维生素）和一些微量元素，蛋白胨是经胰酶消化后所产生的多肽混合物，它为细菌提供了氮源和碳源。NaCl 提供了钠离子，同时保持细菌的渗透平衡。琼脂虽然不提供营养，但它易溶于沸水，在 37℃ 又会凝成紧密的胶冻，是配制微生物培养基最常用的固化剂。

需要注意的是，某些细菌菌落的形态会受到培养基营养状态的影响（图 4）。因此，培养基在灭菌后进行分装前应当振荡摇匀，并在分装后尽快使用，避免培养基某些局部营养匮乏而使菌落出现特殊的形态。

无菌平板是进行微生物艺术创作的画板。在制备无菌平板时首先要选择合适规格的培养皿。培养皿有不同的形状和尺寸（图5），需要根据自己的创作目的进行选择，以制备出不同形状和数量的微生物画板。

无菌平板的制备应在酒精灯的火焰旁边或者超净工作台中进行操作。待高压灭菌的

表 1　LB 培养基组分和配制方法

成分	规格	操作步骤
酵母提取物	5 g	分别称取所需的酵母提取物、蛋白胨、NaCl 和琼脂，并量取相应体积的去离子水，同时加入三角瓶中。将三角瓶用封口膜包扎后，振荡摇匀（目的是将挂壁的粉末摇落于水中，有沉淀属正常），置于高压蒸汽灭菌锅中，121℃灭菌 15 min。该配方的 LB 培养基 pH 接近于 7。
蛋白胨	10 g	
NaCl	10 g	
琼脂	20 g	
pH	7.1 ± 0.2	
ddH$_2$O	补足到 1 L	

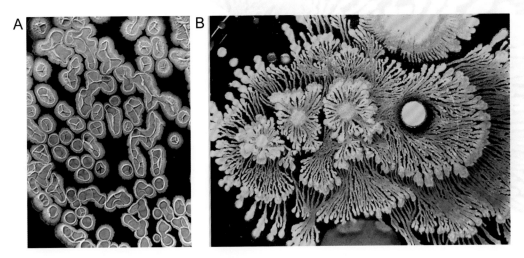

图 4　菌落形态可因培养基成分不同而发生显著变化

枯草芽孢杆菌广泛存在于土壤中，它的菌落在正常 LB 培养基上（A 图）为白色皱醛状，但在营养物质缺乏的培养基上（B 图），枯草芽孢杆菌的细菌个体之间可以进行协调行动，最终形成美丽精巧的图案。

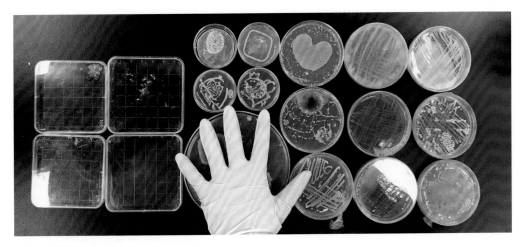

图 5　不同尺寸的培养皿

培养皿常见的形状有方形和圆形，圆形培养皿直径有 6 cm、10 cm 和 15 cm 等不同尺寸，需要根据自己作品的设计进行选择。

LB 培养基冷却至 50℃左右（戴着棉手套能够拿住培养基瓶子，感觉不烫手即可），左手拿无菌培养皿，右手拿锥形瓶的底部，在火焰旁边打开三角瓶的封口膜，左手大拇指将培养皿盖打开小缝，至瓶口刚好伸入，倾入适量培养基，迅速盖好皿盖，轻轻旋转平皿，使培养基均匀分布在整个平皿中，自然冷却至室温（视频 1–1）。为确保灭菌及操作过程的无菌性，可随机抽出少数几个冷却后的培养基，置于 37℃培养箱中倒置培养 48 h。若无菌落出现，即视为灭菌彻底，可用 Parafilm 封口膜将培养皿封存，置于 4℃冰箱保存备用。

视频 1–1
无菌操作和细菌
固体培养基的配制

特殊 LB 平板的制备

1. 彩色 LB 培养基

常规的 LB 培养基为透明的淡黄色。为了实现特定的艺术设计，可以在配制好的 LB 培养基中加入少许彩色墨水等水溶性的颜料（注意：丙烯等不溶于水的颜料会沉淀在瓶底，无法使培养基着色），充分振荡摇匀，待颜料溶解后将培养基拿去高压蒸汽灭菌，之后分装到无菌培养皿中制成各种颜色的细菌 LB 培养基（图 6）。

2. 选择性 LB 培养基

某些特殊的培养基可用于筛选特定属性的微生物。例如，伊红美蓝琼脂培养基（EMB Agar），它的主要有效成分是乳糖和两种指示性的染料伊红和美蓝（亚甲蓝）。这两种染料可以抑制革兰氏阳性菌（如金黄色葡萄球菌）的生长，但不影响革兰氏阴性菌的生长。如果该革兰氏阴性菌（如大肠杆菌）可以分解培养基中的乳糖，代谢所产生的酸就会使菌及菌周围的培养基带正电荷，从而与带负电的伊红结合被染成红色，再与美蓝结合形成紫黑色甚至是形成带有绿色金属光泽的菌落。菌落颜色的深浅取决于菌体发酵乳糖（即产酸）能力的强弱（图 7）。

在培养基中加入不同的指示性染料，可以使大肠杆菌显示不同的颜色。例

图 6 彩色 LB 培养基

在培养基中加入不同的颜色，即使是使用菌液在培养基上进行简单的涂抹，也可能会有惊艳的效果。

如，大肠杆菌的菌落在麦康凯琼脂培养基（MacConkey，MAC）（加入的染料为中性红）中会呈现为桃红色，而在中国蓝（China Blue）培养基（加入的染料为中国蓝）中则会呈现为天蓝色（图7）。上述三种培养基的详细配方见表2所示。现在很多生物商业公司也有上述培养基预制好的混合粉末，可以直接购买。

需要注意的是，现在生物实验室常用的基因工程菌株，例如大肠杆菌的 DH5α 和 BL21 品系，其基因组已经被人为改造而失去了分解乳糖的能力，所以无法使上述选择性的培养基变色。上文中所用的大肠杆菌必须是野生型的大肠杆菌或其他具备乳糖分解能力的革兰氏阴性菌。

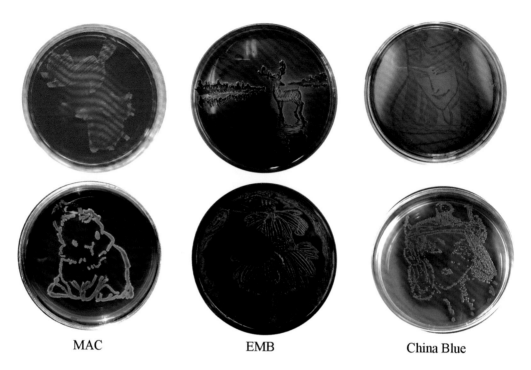

MAC　　　　　　　　EMB　　　　　　　China Blue

图 7　大肠杆菌在 MAC、EMB 和 China Blue 平板上的显色效果

大肠杆菌在 MAC 培养基上表现为可爱的粉红色；在 EMB 培养基上表现为紫黑色，同时带有重金属风格的绿色光泽；在 China Blue 平板上表现为清新的蓝色（图片来自"生物标本制作与艺术"课程学生）。

表 2　三种选择性培养基的配方

EMB 平板		MAC 平板		China Blue 平板	
成分	规格	成分	规格	成分	规格
蛋白胨	10 g	胰蛋白胨	17 g	蛋白胨	10 g
乳糖	5 g	牛肉膏	3 g	牛肉膏	3 g
葡萄糖	5 g	乳糖	10 g	氯化钠	5 g
伊红	0.4 g	胆盐（bile salts）	1.5 g	乳糖	10 g
美兰	0.06 g	氯化钠	5 g	琼脂	15 g
琼脂	15 g	结晶紫	0.001 g	中国蓝	0.05 g
pH	7.1 ± 0.2	中性红	0.03 g	玫红酸	0.1 g
ddH$_2$O	补足到 1 L	琼脂	15 g	pH	7.4 ± 0.1
		pH	7.1 ± 0.2	ddH$_2$O	补足到 1 L
		ddH$_2$O	补足到 1 L		

二、发现身边的微生物

在我们人体的体表、体内以及周围的环境中，生活着大量的微生物。利用合适的固体培养基，可以收集这些微生物。微生物在固体培养基表面生长繁殖，形成肉眼可见的菌落。这些微生物还可以进行进一步的分离和纯化，为观察微生物的形态和功能研究打下基础。

人体微生物的分离纯化

人类自从呱呱坠地那一刻起，就不断从生长环境和周围人那里获得微生物。这些微生物伴随着人体共同发育，并提供了食物的消化吸收、荷尔蒙的产生和免疫力维持等关键服务。据估算，一个成年人身体大概由 30 万亿个细胞组成，但身体所容纳的微生物数量却超过了 100 万亿个，微生物种类超过了 400 种，身体的每个角落无论是内脏还是皮肤都驻扎着大量的微生物以及独特的微生物种群。人体的皮肤每平方厘米含有 1 万~10 万个细菌，其中腋窝、肚脐等潮湿的部位每平方厘米细菌数量可达 1000 万个。即使是健康的人，其鼻腔中也栖息着许多典型的病原体，比如臭名昭著的金黄色葡萄球菌。若遇诱发因素，例如过敏、感冒等，人体免疫力降低，上述病原体可在鼻腔中大量繁殖，引发过敏、鼻窦炎等病症。口腔也是微生物采样的重点区域，口腔中微生物最为富集的地带是牙龈缝隙，其中许多是厌氧细菌。肠道内的微生物占据了人体微生物总量的 95%，其中结肠中每平方厘米的表面上所生活的细菌数量比地球上的总人口数量还要多。这些微生物帮助我们消化淀粉和纤维，合成氨基酸甚至是维生素 K，是人体生态系统中不可或缺的生物类群。

人体微生物的种群跟每个人的生活习惯、居住环境和健康状态等息息相关，没有任何两个人身上的微生物是完全相同的。要分离纯化自己身体的微生物，可以取一根医用棉签，蘸取无菌生理盐水后，在自己体表的特定部位（可选取口腔、鼻翼、指缝或肚脐等微生物较为富集的地方）擦拭取样（至少 2 cm² 范围内），之后将棉签在 LB 固体培养基表面均匀涂抹，接种后立即闭合皿盖，随后将培养皿进行倒置培养（视频 1-2）。

视频 1-2
体表和环境微生物的检测

环境微生物的检测

微生物无所不在，无孔不入。在不同的环境中，微生物的数量和种类也截然不同。例如，在大城市的湖泊和河流中，由于生活污水的污染，水体富含有机物，每毫升水中细菌数量可多达几千万甚至几亿个，主要有大肠杆菌、芽孢杆菌等。而在远离人类活动区的湖泊中，一般每毫升水中只有几十个到几百个细菌，细菌的种类主要是荧光假单胞菌、硫细菌等。土壤由于含有丰富的动植物残体和各种无机物，可以说是微生物的大本营。肥沃的土壤中，每克土壤中含有几十亿个细菌和放线菌等。另外，空气中漂浮的尘埃颗粒以及水滴也是微生物的藏身之所，因此空气微生物的数量往往取决于空气的洁净度。人烟密集、家禽家畜聚集的地方或雾霾沙尘天的空气中细菌非常多（图 8），而城市郊区或森林公园的空气中细菌含量极少。因此，通过对特定环境中的微生物进行检测，可以大概估测出该环境中微生物的种群分布和数量多少。

操作步骤

选择一处自己感兴趣的环境进行微生物检测，可以是某个场所的空气、某地区的水

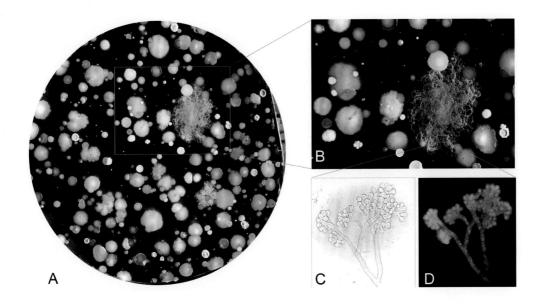

图 8　雾霾空气中的微生物

利用 LB 固体培养基检测雾霾空气中的微生物（检测方法见后文）。在培养两天后可看到培养基表面长出很多菌落（A 图），每种不同大小、形态和颜色的菌落都代表不同的微生物种类。将视野（绿色框所示）进一步放大，可看到其中形态最大、呈蛛网状的是霉菌的菌落（B 图）。挑取霉菌的部分菌丝到显微镜下观察，在可见光下可观察到霉菌的孢子丝（C 图）。利用核酸染料 DAPI 对菌丝进行染色，可看到其中呈蓝色点状分布的即是霉菌细胞的遗传物质 DNA（D 图）。

质，甚至是手机或硬币表面等。检测方法可以参考以下操作：

（1）空气微生物检测：将一个 LB 固体培养基平板移去平皿盖子，使培养基表面暴露在空气中 10~15 min 后闭合皿盖，随后将培养皿倒置于 37℃培养箱中进行培养。

（2）水质微生物检测：用无菌的医用棉签蘸取特定地区采集的水样，可以是河水、

湖水、矿泉水、自来水或开水等，将棉签在培养基表面均匀划线涂抹接种，随后将培养皿倒置于 37℃培养箱中进行培养。

在 37℃培养 1~2 天（室温培养大概需要 3~4 天）后，可以观察到培养基表面长出肉眼可见的菌落。不同菌落的表面形状、大小、高度、颜色、透明度、光泽、有无水溶性色素等特点各不相同，可以作为鉴定不同

图 9 一只家猫及其身上的微生物

用 LB 固体培养基收集的一只家猫（左上图）身上抖落的微生物。室温培养 3 天时间，单个微生物就能长成肉眼可见的菌落。不同菌落的颜色、大小、形态等特征各不相同。

微生物种群的标准之一（图 9）。在观察体表和环境微生物菌落的数量和种类时，可以借助直尺、镊子、解剖针等工具进行测量和检测。利用家用放大镜或实验室中的体视镜，可以进一步观察菌落的具体形态，如菌落表面的皱褶或霉菌的孢子丝等。

一般用于描述菌落形态特征的部分术语如表 3 所示。

表 3 不同菌落的形态特征

特征	判定标准
大小（直径）	大菌落（5 mm 及以上）、中等菌落（3~5 mm）、小菌落（1~2 mm）、露滴状菌落（1 mm）等
形状	圆形、放射状、假根状、不规则等
颜色	乳白色、灰白色、金黄色、粉红色等。注意菌落正面和反面颜色是否一致
质地	黏稠、脆硬等
表面形态	光滑、皱褶、放射状、根状等
透明度	透明、半透明或不透明
菌落隆起形态	扁平、隆起、草帽状、胶状等

需要注意的是，从我们周围环境或身体表面分离培养出的微生物，虽然它们大多数属正常的寄居菌群，但当我们机体免疫力低下时，这些菌偶尔从破损的皮肤或口腔、眼睛等处进入人体，也可能会导致感染。因此在进行菌群观察时，尽量做好个人防护，包括戴上口罩和一次性手套进行操作，在观察结束后尽快处理掉培养皿（如有条件，应当将培养皿彻底灭菌后再丢掉），并彻底洗干净双手。

细菌的个体形态观察

细菌根据其形态可分为球菌、杆菌和螺旋菌。观察细菌的形态首先应该选择新鲜培养基中处于生长初期或中期的细菌，此时的细菌个体健壮、形态正常且整齐。如果要观察细菌的芽孢，则可以选择老培养基中的细菌，此时的细菌基本处于生长后期或停止生长，可在其体内观察到明显的芽孢。

由于细菌个体一般小于 0.1 mm，和背景反差度很低，很难直接用显微镜看清楚，一般须借助特定的染色方法使菌体着色，以增大菌体与背景的反差度，并使用显微镜的 100× 油镜头进行观察。一般用于细菌染色的染料为碱性燃料，如结晶紫、美蓝、孔雀绿等。这是因为细菌的等电点在 pH 2~5 之间，在正常的生长环境（pH 7 左右）中菌体一般带负电，所以容易与带正电荷的碱性染料结合而着色。而酸性染料如伊红和苯胺黑等虽然不会与菌体直接结合，但它们却可以使背景着色，从而可以清晰地衬托出细菌的轮廓。在下文中，我们以碱性染料草酸铵结晶紫染液为例，了解一下细菌简单染色的操作方法。

操作步骤（视频 1-3）

（1）涂片：取一滴无菌水滴加在干净载玻片上，利用接种环在细菌菌落中挑取少量菌体，在无菌水中反复涂片至均匀。

（2）固定：等待 3~5 min 待水滴自然风干，此时可看到载玻片表面形成一层菌膜。将干燥的涂片在微火上快速通过 3~4 次固定菌体。

视频 1-3
细菌个体形态观察

注意：水滴干燥过程也可以在火焰上方进行烘烤以加速干燥过程，但载玻片不可直接接触火焰，以防止菌体被烧焦变形。

（3）染色：滴加数滴草酸铵结晶紫染液，直至染液覆盖菌膜。室温进行染色 1 min 后用去离子水进行冲洗。

（4）观察：用吸水纸吸干载玻片表面的水分，加上 2~3 滴镜油（可以不加盖玻片），置于显微镜 100× 的油镜头下观察菌体的染色结果（图 10）。

注意：由于油和水不互溶，在滴加镜油之前，一定要用吸水纸将水彻底吸干。同时，由于菌体只是简单固定在载玻片上，所以不可以用吸水纸用力擦洗菌膜。

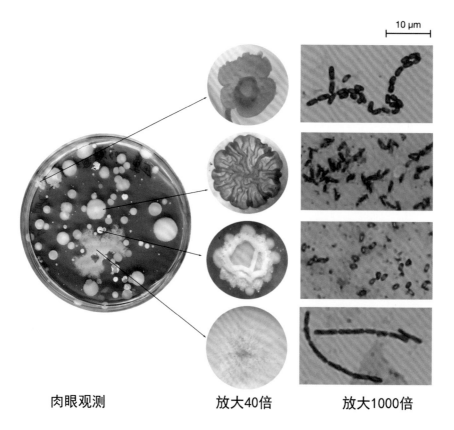

10 μm

肉眼观测　　　　　放大40倍　　　　　放大1000倍

图 10　不同放大倍数下的细菌形态

三、色彩缤纷的细菌

细菌的个体一般接近透明，难以观察，但细菌的菌落可以具有非常多样的颜色。这些颜色大多是来自细菌天然代谢的产物，现在通过基因工程技术可以向细菌中人工导入来自其他物种的荧光蛋白基因或色素蛋白基因，从而使得细菌的颜色更加丰富多彩。

微生物的天然色素

所谓色素即是某些具有光吸收性质的化学分子。如果这些分子吸收的是全波长的光，那我们看这些分子就是白色、灰色或黑色，但如果它们只吸收特定波长的光，那我们所看到的一般是它们所吸收波长颜色的互补色。比如，叶绿素的主要吸收峰是红光和蓝紫光，所以它显示为绿色。而类胡萝卜素的主要吸收峰是蓝紫光，所以它显示为红色和黄色。生物体内很多具有共轭双键的物质（如血红素、叶绿素等）都拥有光吸收的能力，它们同时也发挥着抗氧化、吸收能量以及储备氮源和碳源等生物学功能。

自然界中的微生物种类丰富，可以合成的色素种类有几百种，包括有红、橙、黄、青、紫、黑等各种颜色。微生物产生色素的方式主要有两种，一种是微生物生长过程中会产生次级代谢产物，通过这种方式所得到的菌落颜色往往会比较浅（图 11）；另一种是微生物会将培养基中的某一成分作为底物进行分解或转化而形成色素。对于第二种方式，需要在培养基中加入特定的底物以提高色素的产量。例如，微生物学中经典的蓝白斑筛选实验就是在培养基中加入了无色化合物 X-gal（5- 溴 -4- 氯 -3- 吲哚 - β -D- 半乳糖苷）。大肠杆菌在生长过程中，其 β - 半乳糖苷酶可以将 X-gal 切割成半乳糖和深蓝色的 5- 溴 -4- 靛蓝，从而使整个菌落变成蓝色。

　　源自生物体内的天然色素具有抗癌、抗生素、生物降解等多种有益特性，它们在食

品、印刷、纺织、医药等行业具有广阔的应用前景。微生物培养条件相对简单，繁殖速度快，同一种群微生物的物理化学特征相似，因此微生物在提取天然色素的产业中应用非常广泛。例如，在酱油和面包中常用的红曲色素就是红曲霉在生长过程中所产生的次级代谢产物，该产物经过工业提取和浓缩加工后即可用于食品添加。

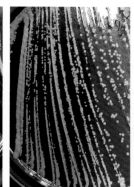

图 11　天然具有各种颜色的菌落

转基因细菌

　　转基因细菌（transgenic bacteria）是含有一段或几段外源基因（转基因）的细菌。细菌获得外源基因通常有两种途径，即细菌

自发吸收外源基因或通过分子生物学技术向菌体中人为导入特定的基因片段。例如，大肠杆菌在适当条件下就可以自发吸收其周围环境中由其他细菌或物种释放出来的 DNA。这些外源基因或者会成为细菌基因组的一部

分而稳定地遗传下去，或者是以质粒的形式在菌体中游离存在，游离的质粒可在细菌体内快速进行表达，但在遗传若干代后就有可能发生丢失。由于密码子在不同生物中是通用的，所以这些转基因细菌可以获得额外的功能，例如抗药性、耐盐性等，并可用于生产抗体，合成酒精、激素以及各种酶。

荧光蛋白分子可以吸收特定波长的光，这会使其分子轨道中的电子跃迁到更高的能态，随后电子在向基态跃迁的过程中会发射出能量，即不同波长的光。如果发射出的光在可见光范围内，则我们用肉眼即可看到该

蛋白发出了荧光。如果将荧光蛋白的基因或人工改造过的色素基因转入细菌中，就可以使细菌在激发光下发出炫目的荧光（图 12）。

绿色荧光蛋白（green fluorescent protein，GFP）可谓是一个明星蛋白。该蛋白最早是1962 年由日本科学家下村修从太平洋多管水母（*Aequorea victoria*）中纯化出来。这是一个由 238 个氨基酸组成的单体蛋白，相对分子质量约为 27 000。GFP 可以在紫外光或蓝光的激发时发出绿色荧光，而且它的发光无需底物或辅助因子，荧光性质稳定，对细胞无毒性。美国科学家马丁·查尔菲（Martin

图 12 表达绿色和红色荧光蛋白的大肠杆菌

Chalfie）等人发现 GFP 的荧光表达不存在种属限制，他们创造性地将 GFP 在大肠杆菌、线虫等其他物种中进行表达，从而为生物学家打开了新的研究思路：如果将感兴趣的目标蛋白和 GFP 连接形成融合蛋白，则既可以保留目标蛋白的固有特征，又可以保留 GFP 的正常活性。GFP 发出的荧光可以用作蛋白质的标记，观察蛋白在活细胞中的定位。在此之后，美籍华裔生物化学家钱永健对 GFP 的氨基酸序列进行了一系列的定点突变，经过改造的 GFP 不仅发光强度和稳定性进一步提高，而且可以发出不同颜色的光，例如红色（RFP）、黄色（YFP）和蓝色（BFP）荧光蛋白等。这些多颜色荧光蛋白的出现，使得在同一活细胞中标记多种蛋白成为可能，从而更进一步扩展了荧光蛋白的应用范围。

下村修、查尔菲、钱永健由于发现和改造绿色荧光蛋白的出色工作而共享了 2008 年的诺贝尔化学奖。

在海洋生物中，除了水母外，还有多种可以表达荧光蛋白的生物，例如蓝藻、海葵和珊瑚等。其中珊瑚的荧光蛋白大约只有 230 个氨基酸，它们决定了珊瑚礁黄色、绿色、青色、红色等丰富多彩的颜色。将这些不同的荧光蛋白基因克隆出来并转入大肠杆菌中，在合适的温度下培养，就能够获得红、黄、蓝等各种颜色的菌落（图 13）。进一步将这三种颜色的细菌按照不同比例进行混合，就能获得更多的配色，例如红色＋黄色＝橙色，蓝色＋绿色＝青色等。这些色彩缤纷的细菌就可以作为微生物艺术创作的原材料。

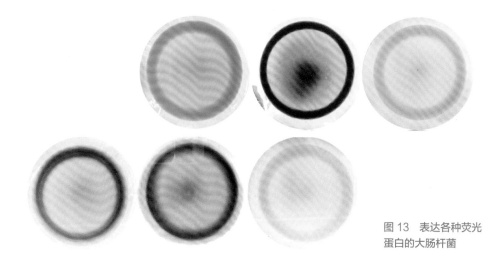

图 13　表达各种荧光蛋白的大肠杆菌

四、微生物艺术创作

微生物艺术创作的"画板"是固体培养基。培养基的使用要注意两点：第一，培养基一定要等到凉透、变硬后再进行操作，否则容易把培养基表面划伤。第二，培养基表面不要有太多水分，以避免液体在培养基表面流动而破坏原设计的画面线条。

微生物艺术创作的"颜料"是细菌悬液。细菌要选取处于生长前期的菌液，一般可以在使用前一天的晚上将菌种接种到液体LB培养基中并在37℃培养箱中振荡培养过夜，第二天该菌液就可以用于艺术创作。如果在用于分离环境或体表微生物的平板上发现了自己所感兴趣的微生物菌落，鉴于该菌落中很可能混杂了其他微生物，那么可以使用接种环或其他接种工具挑取一些该菌落，并在新的固体培养基上进行划线。如此重复

两到三轮的培养，就有可能在培养基的某一位置获得该微生物的单一菌株。将该菌株在液体培养基中进行扩大培养后即可用作微生物创作的颜料。

毛笔菌液画

由于微生物具有快速强大的生长增殖能力，所以在进行微生物艺术创作的过程中，一旦下笔就无法再进行修改。这有些类似我们传统的水墨国画的创作，要意在笔先，胸有成竹。建议初次尝试的朋友可以预先根据"画板"（即培养皿）的大小设计好草稿，在培养基上按照草稿的笔触和线条进行临摹（图14）。之后将培养皿盖上盖子，倒置放于

37℃培养箱中进行培养。

　　临摹的工具可以根据作品的需要选择不同粗细的毛笔或勾线笔。毛笔是一种传统的书写工具，和微生物接种环相比，毛笔的笔头柔软，不容易伤到培养基，同时毛笔的吸水性较足，可以持续画出均匀的长线条。每种微生物"颜料"都需要选用不同的毛笔去蘸吸，待所有毛笔都用完后，将毛笔用清水彻底冲洗，并用 75% 酒精浸泡消毒，晾干后可循环再使用。

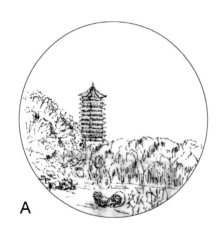

图 14　未名星空

该作品的创作过程如下：(A) 根据培养皿的尺寸，设计好作品的草稿；(B) 根据草稿选择合适粗细的毛笔，蘸取特定颜色的菌液（本图中用的是荧光菌）进行描摹，临摹结束后可隐约看到培养基表面的笔触痕迹；(C) 将培养皿倒置培养一段时间，可看到培养皿表面长出了艺术画；(D) 菌落在蓝色激发光下可以发出明亮的荧光（图片来自"生物标本制作与艺术"课程学生）。

紫外线照射制图

紫外线是一种辐射能，波长在 240～280 nm 范围内的紫外线可以使微生物的核酸（DNA 和 RNA）分子内的嘧啶碱基发生二聚化，从而破坏核酸结构，使细菌死亡或无法正常分裂产生后代。利用紫外线照射的杀菌效果和紫外线穿透性较差的特性也可以"绘制出"特定的微生物图案（图 15）。

首先选取较厚的黑纸片，剪裁成特定的形状。吸取一定量的菌悬液滴加到 LB 固体培养基上，并用涂棒将菌液在培养基表面涂布均匀。或者也可以用毛笔将裁好后的黑纸片后面涂上不同的菌液。将黑纸片放到培养基上，使带菌液的纸面接触培养基。随后，将盖有黑纸的平板置于紫外灯下，打开培养皿盖子，将培养皿正置进行紫外照射。紫外照射 30 min 后关掉紫外灯，取出黑纸，盖上培养皿的盖子，倒置放于 37℃培养箱中进行培养。

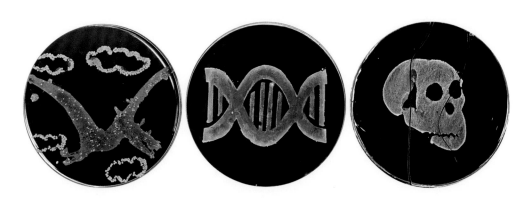

图 15 通过紫外线照射绘制的微生物图案

观察和拍照

　　微生物的生长速度很快，在37℃培养条件下，接种十几小时后就可以看出微生物的生长痕迹。由于在不同的生长阶段微生物菌落会呈现出不同的姿态，尤其是荧光蛋白基因的表达会随着时间进行累积，使得菌落的颜色会越来越明显，所以可以在接种 24 h 和 48 h 后分别观察自己的微生物作品并进行拍照。

　　由于培养皿的材质一般是玻璃或塑料，在拍照时容易出现拍摄者的倒影以及日光灯或闪光灯的反光。因此，拍照时可以在摄影暗箱中拍摄，或者把培养皿的盖子拿开，选择合适的角度以避免光斑的出现。如果没有摄影暗箱，利用小型的废纸箱、工具刀和一块黑色的吸光布，可以手工制作出简易的拍摄暗箱。在小纸箱的中央用剪刀裁出一个跟相机或手机摄像头差不多大小的孔洞。将黑色的吸光布铺在箱底，放入培养皿后即可进行拍照。如果条件允许，可以使用延时摄影进行长时间的拍摄，将所获得的视频加速播放就可以完整欣赏到微生物艺术作品生长变化的动态过程。

作品赏析

初次进行微生物创作时，有些朋友可能会不知道该如何下手。以下大部分图片是由"生物标本制作与艺术"课程的同学在课上绘制，我们可以从这些作品中学习借鉴其中的经验和技巧。

（1）使用毛笔直接在培养皿上绘画，创作可以从可爱的"简笔画"到线条较为复杂的"工笔画"，逐级递进。

图 16 微生物"萌宠"

寥寥几笔，勾勒出又萌又乖的形象。这样的宠物，你值得拥有。

图 17　微生物艺术

有绘画或书法基础的小伙伴可尝试直接在培养皿表面创作稍微复杂的画作或书法。

（2）应根据自己的创作主题选用特定形态的微生物。例如，可以选用长有鞭毛具有迁移能力的菌来表现毛茸茸的可爱感觉。

图 18 毛茸茸的"它们"

很多菌长有舞动的鞭毛，倾向于在营养充分的培养基表面进行快速迁移，因此我们可以利用该特点营造出毛茸茸的充盈感。绘制的图案随着细菌生长而逐渐显现，画面的触感似乎也在喵喵的轻哝软语中呼之欲出。

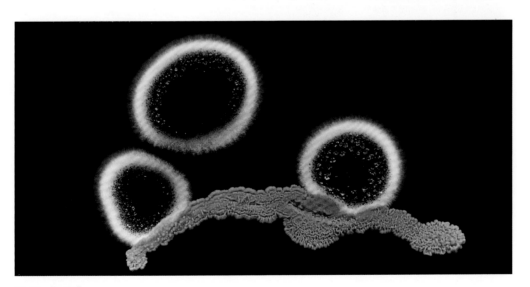

图 19 "灵芝"

这是由金黄色葡萄球菌（金葡）和灰绿青霉在 LB 固体培养上生长而成的一幅画。它利用了金葡鲜艳的色泽和青霉渐变的晕染，勾勒出高低错落的层次。画面简约，姿态优美，清新淡雅，富有生机，故取名为"灵芝"。

（3）在创作时，可以通过多个培养皿的图案组合来阐述特定的主题。

（4）除了培养皿之外，为实现特定的艺术表达，可以将微生物接种在特定的物品上，只要该物品可以通过酒精喷杀或高温处理进行灭菌即可，例如各种形状的石头、瓷器或金属等。在接种之前，需要对这些物体的表面进行消毒杀菌，并覆盖上一层透明的固体培养基。

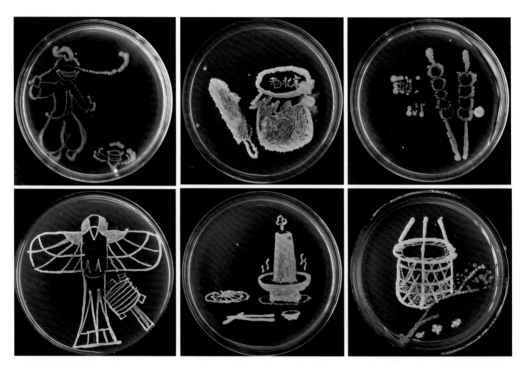

图 20　不一样的"老北京"

你对故乡最深刻的记忆是什么？和小伙伴一起玩陀螺，放风筝？好吃的老酸奶、糖葫芦和火锅，还是院子里那棵梅树上的小灯笼？

图 21 微生物里的中国传统美

中国的传统画往往线条简单，但胜在以形写神，留白处亦可显现出作者用心。利用微生物，在培养皿上也可以种出一片梅兰竹菊。

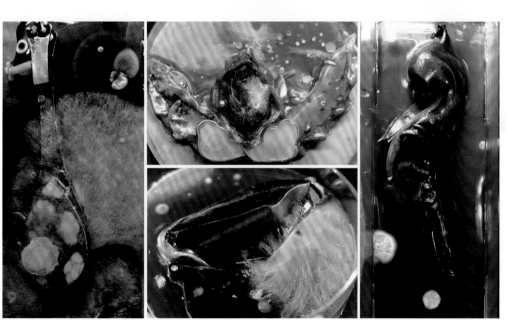

图 22 宝石与微生物

当贵重的首饰遇到微生物会擦出什么样的火花？青年设计师刘过在 2020 年北京珠宝展上，将多种微生物接种到他所设计的首饰上。在展览期间，这些菌每天都在珠宝上蔓延，也有现场观众的菌不断落在培养基上并生长出来。他以"首饰遇到细菌"为主题表达了对"世界遇到病毒"的关切，同时也增加了珠宝的历史厚重感和后人类时代的未来感。

结　语

在荷兰阿姆斯特丹阿提斯皇家动物园（Artis Royal Zoo）中，有全世界第一座以微生物为主题的自然科学博物馆（Micropia）。正是在距此博物馆不远的小城代尔夫特，列文虎克（Antonie van Leeuwenhoek，1632—1723）第一次透过他制作的显微镜镜头的小圆玻璃，向人类揭示了微生物的存在。微生物非常重要，我们之前或者忽视它们，或者厌恶它们，而现在——正如该博物馆的标语所说："如果靠得非常非常近，你会看到一个全新的世界，美丽、震撼、超乎想象"——是时候去重新认识和欣赏这些隐秘而美丽的生物了。

在利用微生物进行艺术创作的过程中，要观察不同菌的形态，根据所设计的艺术形象选用不同的细菌，还要有科学的无菌操作。因此，微生物的艺术创作正是感性艺术与理性科学互补融合的完美体现。在这个过程中，最迷人的部分其实是在于作品的呈现是一个动态的过程。微小的细菌在时间的洪流里走过，在培养皿上留下生长的痕迹。它似乎是在我们手掌笔触的控制之中，但又总会在你的想象之外，这就是微生物的艺术。

参考资料

（1）沈萍，陈向东.微生物学.第8版.北京：高等教育出版，2016.

（2）钱存柔，黄仪秀.微生物学实验教程.第2版.北京：北京大学出版社，2008.

（3）埃德·扬.我包罗万象.北京：北京联合出版公司，2019.

（4）马丁·布莱泽.消失的微生物.长沙：湖南科学技术出版社，2016.

（5）陈代杰，钱秀萍.细菌简史：与人类的永恒博弈.北京：化学工业出版社，2015.

（6）保罗·G·法尔科夫斯基.生命的引擎——微生物如何创造宜居的地球.上海：上海科技教育出版社，2018.

（7）汉诺·夏里修斯，里夏德·弗里贝.细菌：我们的生命共同体.北京：生活·读书·新知三联书店，2020.

（8）De Carvalho JC, Cardoso LC, Ghiggi V, Woiciechowski AL, de Souza Vandenberghe LP, Soccol CR. Microbial Pigments. In: Brar S, Dhillon G, Soccol C. (eds) Biotransformation of Waste Biomass into High Value Biochemicals. New York : Springer, 2014.

（9）Schulz HN, Brinkhoff T, Ferdelman TG, Mariné MH, Teske A, Jorgensen BB. Dense populations of a giant sulfur bacterium in Namibian shelf sediments. Science, 1999, 284(5413): 493-495.

（10）Zhang MJ, Liu SN, Xu G, Guo YN, Fu JN, Zhang DC. Cytotoxicity and apoptosis induced by nanobacteria in human breast cancer cells. Int J Nanomedicine, 2014, 9(1): 265-271.

第二部分

显微

到微观世界去旅行

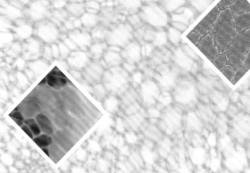

引 言

用眼看世界是我们最日常的活动，人眼能分辨的最短距离是 0.2 mm 左右。要看更细小的东西，就需要借助放大镜。透镜状放大镜使用很早，10 世纪就有对凸透镜和凹透镜光学性质的描述，14 世纪在欧洲已有较多眼镜在使用。1595 年，荷兰眼镜制造商詹森父子（Hans Jansen and his son Zacharias）发明了最早的复式显微镜。基本结构是两个透镜在一个筒状结构内，调节两个透镜间的距离可以调节放大倍数。但他们并未发表他们的发明，也没有观察记录。另一为人熟知的利用光和透镜成像的应用是望远镜，和显微镜的发展差不多同步，1610 年前后，意大利的伽利略（Galileo Galilei，1564—1642）开始用望远镜观察星空。

使用显微镜一个里程碑式的记录是 1665 年英国皇家学会会员罗伯特·胡克（Robert Hooke，1638—1703）的代表作 *Micrographia* 的发表，其中记录了用改进的复式显微镜观察跳蚤、苍蝇复眼等，最有名的就是用 "cell" 一词描述软木切片。当时这一词并没有现代生物学上认识的 "细胞" 的意思，不过这的确是 "cell" 作为现代生物学专业术语的起始。与罗伯特·胡克同时代另一位用显微镜探查身边隐秘细微事物的是列文虎克（Antonie van Leeuwenhoek，1632—1723）。他是荷兰的布商，学会磨镜后，他制造了五百多台显微镜。列文虎克大概率看过 *Micrographia* 并受其启发，着迷于观察各种东西且特别善于拆解制作各种样品观察。为大家熟知的工作是第一次描述了精子和对一滴水中的微小生物（细菌、原生动物）的

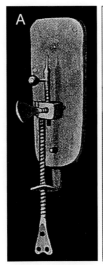
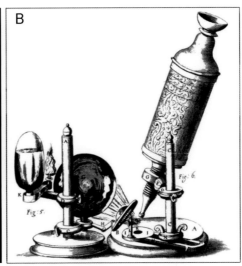

图1 列文虎克的单透视显微镜
（A）和罗伯特·胡克的复式显微
镜（B）

观察记录，是首位见到并描述单细胞生物的人，被称作"微生物学之父"。1673年起，列文虎克持续与英国皇家学会通信交流他的观察结果并得到认可，1680年被选为皇家学会会员。

现代显微镜的起源和发展归功于罗伯特·胡克和列文虎克，但他们用的显微镜差异很大。列文虎克的单透视显微镜（图1，A）是自己制作的，只用了一个接近球形的透镜，整个构造只有3~4英寸（1英寸 ≈ 2.54 cm），只能在光线良好的情况下眼睛凑得很近才能看到，观察非常费劲。罗伯特·胡克用的应该是詹森父子发明的复式显微镜的改进版（图1，B），镜筒用了不止一个透镜，配备了光源、样品台。但复式显微镜由于用了不止一个透镜，球差和色差的问题比单式显微镜严重，因此在一段时间内很多显微学家还是用单式显微镜。直到19世纪早期，随着消色差镜头的发明和应用，复式显微镜才得以广泛使用，开启了现代显微镜的发展历程。目前光学显微镜家族已发展得非常庞大，利用光的各种性质成像，应用于不同领域。

现在我们能接触到的任何一台显微镜性能都比罗伯特·胡克和列文虎克用的显微镜强太多，操作使用也更为简单舒适。在本书的这一部分，我们将介绍实用的普通光学显微镜操作方法和一些简单的样品制作技巧，希望能以此帮助大家打开微观世界的大门。

一、显微观察方法

美丽的鲜花常让人驻足心动，当用心去面对认识一朵花时，会有更多发现令人欣喜。这里以一朵桃花为例，从肉眼观察到体视镜观察，再进行局部的显微镜观察，一步步进入微观世界。

桃花的基本结构包括花萼、花瓣、雄蕊群、雌蕊，拆解开能看清楚它们之间相互的位置关系和一些隐藏的结构（图2）。认识一朵花要仔细观察记录每一部分的数量及相对位置，早期的植物学家发明了花图式和花程式来进行记录，花程式和花图式是植物学家的密语。花图式用图解的方式表示花各部分的垂直投影，借以说明花各部分数目、排列位置、离合情况等。花图式都有一个小黑点（或圆圈）在图的顶端，这是代表花轴或花序轴，是花图式的定位点，花的远轴近轴及子房横切面的角度都以此定位。花轴对面带突起的中空新月形弧线表示苞片，花的各部分绘在花轴和苞片之间。具突起和短线的新月形弧线表示花萼；实心新月形弧线表示花冠；雄蕊和雌蕊以它们的横切面图表示。图中可以表示联合或分离，整齐或不整齐等排列情况。桃花的花图式如图2 B所示，用这样的方法，可以训练记录不同植物花的结构。花程式的记录方式则更加抽象，它是用简单的符号来表示花各部分的组成、数目和子房位置等特征。其中 K（Kalyx）表示花萼，C（Corolla）表示花瓣，A（Androecium）表示雄蕊群，G（Gynoecium）表示雌蕊群，如果花萼花瓣不能区分，则用 P（Perianth）代表花被。基于此，桃花的花程式可表示为：*K(5),C5,A∞,G1：1，表示桃花为两性花、辐

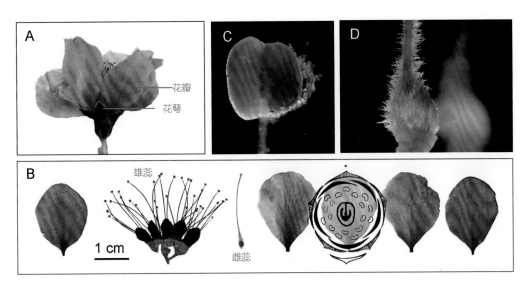

图2 认识一朵桃花

A 桃花外观，能看到花萼、花瓣、雌蕊和雄蕊；B 把一朵桃花拆解开，花瓣与花萼交替排列，很容易摘下来，剖开花萼基部合生部分并展开，可以看到花萼基部合生形成一个凹盘状（花盘），雄蕊多数着生在花盘边，雌蕊着生于花盘基部，花图式很清楚地展示了一朵桃花的基本结构；C 体视镜下的雄蕊，花药裂开，有花粉散出；D 雌蕊的子房和花柱下部，密生绒毛。

射对称、花萼5合生、花瓣5离生、雄蕊多而不定数、雌蕊一心皮一室、子房上位。花程式的记录方法相对简单，但它无法表达出花各部分排列的相对位置。

体视镜

显微镜常作为一个现代科技的代表图像出现在众多场合，印在人们的脑中。普通显微镜一般配置最小放大倍数是40倍（目镜10×，物镜4×），从肉眼观察到显微镜观察之间这个放大倍数区间由体视镜衔接。常用体视镜放大倍数在几倍到几十倍之间，操作使用简单，日常生活非常有用。体视镜又叫解剖镜，顾名思义就是可以在镜下进行解剖

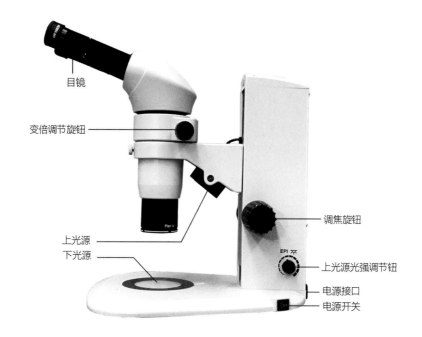

目镜

变倍调节旋钮

上光源
下光源

调焦旋钮

上光源光强调节钮

电源接口
电源开关

图 3　体视镜基本结构

操作，常用于制作显微观察样品，解剖细小的结构。体视镜基本结构见图 3。

　　体视镜的基本结构包括镜体，其中装有几组不同放大倍数的物镜；镜体的上端安装着双目镜筒，其下端的密封金属壳中安装着五角棱镜组，镜体下面安装着一个大物镜。目镜、棱镜、物镜组成一个完整的光学系统。物体经物镜作第一次放大后，由五角棱镜使物像正转，再经目镜作第二次放大，使在目镜中观察到正的物像，这样才能利于边观察边进行解剖操作。在镜体架上还有调焦旋钮，用以调节焦距。

　　体视镜一般都配有顶光源和底光源两个光源，可依据需要使用。放置物体在视野中央，倍率调节旋钮调至最小，调焦看清楚物体。在体视镜下对细小的物体进行操作用到镊子解剖针等用具，需要进行耐心的练习达到熟练操作。体视镜景深较大，立体感强，因此常用来观察各种小型的物体，例如昆虫的复眼和翅膀等。把一朵桃花拆开放到体视镜下，可有效观察到各部分精彩的细节。花药中也可以看到有花粉溢出（图 2，C），尤其是表皮毛毛茸茸的子房（将来会长成桃，图 2，D），由此可理解为什么小桃子又被称为"毛桃"了。

双目镜筒上安装着目镜，目镜上有屈光度校正环，以调节两眼的不同视力。双目的体视镜和显微镜使用前都需要进行瞳距和屈光度调节。在开始显微观察前，需调整好自己和显微镜的相对位置，以舒适自然坐姿，双眼能自然通过目镜观察为宜。瞳距是两个眼睛往正前方看时两个瞳孔中心的距离，不同的人瞳距有差异。调节时，眼睛自然靠近目镜筒，改变两目镜筒之间的距离，当观察到视场中两个圆形视场完全重合时，说明瞳距已调节好。此时可以读出瞳距，戴眼镜同学可以比较一下读出的数值和配眼镜的瞳距是否一致。另外还有一项容易被忽略的操作步骤是屈光度调节，注意看一下自己使用的显微镜和体视镜，一般至少有一个目镜（常安装在左侧）装有屈光度校正环，调整原则就是用右眼通过右侧目镜观察完成对焦，而后闭上右眼，用左眼通过左侧装有的屈光度校正环的目镜观察，调节屈光度校正环直至调焦清晰。调好瞳距顺利进行观察或许会是初学者在开始显微观察时遇到的第一个困难，需要耐心练习熟练掌握。

显微镜

随着人们生活水平的提高，显微镜慢慢作为"玩具"进入家庭。在此介绍怎样用好一台最基础的显微镜来进行多样的观察。在熟练掌握其使用方法并理解使用原理之后，即便遇到更复杂的显微镜也能够迅速掌握使用。各种各样的高级显微镜都是在这样的基本结构框架上改进、增加各种部件构成。

普通光学显微镜基本结构包括：目镜、物镜、载物台、聚光器、孔径光阑、光源、视场光阑、镜架、底座等组件（图4）。显微镜的结构和使用方法均比体视镜复杂，可调和需要调节的部件也更多。双目显微镜使用开始需要进行瞳距调节。物镜一般会配置几个放大倍数不同的镜头，在更换物镜时注意使用物镜转换装盘进行更换。载物台用于夹持载玻片样品使其可随载物台移动，样品放稳当后，用载物台水平位置调节旋钮进行前后左右两个水平方向的调节，将要观察的区域移到视野中央。调节焦距的粗准焦螺旋和细准焦螺旋可用于调整载物台的高度，使样品处于物镜的焦点平面，即调焦。载物台下面安装有聚光器，简单的显微镜聚光器不可调，复杂一些的显微镜聚光器需要调节。不管是哪种聚光器，上面都有孔径光阑。在更换物镜观察时，要注意调节孔径光阑。孔径光阑的开度影响成像的反差和分辨率。孔径光阑越大，分辨率越高，但反差越弱。反之分辨率越低，反差越强。合适的反差是取得生物样品最佳观察效果的关键。因此，观察样品时，要根据样品的厚度、染色等实际情况随时调节孔径光阑，才能得到理想的观察

效果。另外，孔径光阑的作用是调节光路，不同放大倍数的物镜的成像光路不同，因此更换物镜后需要进行孔径光阑的调节。注意虽然孔径光阑调节会直观地看到视野照度的变化，但是光强调节应该用光强调节旋钮进行调节。显微镜上可调的部件可以逐个调节，体会其对成像效果的影响，最后能熟练配合使用各调节部件，达到最佳观察效果。观察活细胞或结晶等未染色的样品时孔径光阑的作用比较明显。在底座上还有视场光阑，调整所能照亮视野的大小范围，一般将

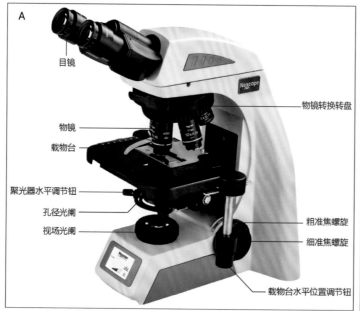
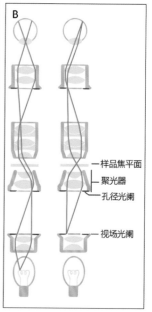

图 4　显微镜基本结构及光路图

A 显微镜基本结构；B 光路图，文字标注为聚光器调节相关的部件。

视野全部照亮即可。光源电源等不再详述。注意搬动显微镜时手持镜架和底座用力，不要对载物台及其他可调部件施力。

显微镜使用步骤：

（1）插上电源，打开电源开关，调节合适光强。

（2）转动物镜转盘将物镜调至最小放大倍数，一般是 4× 或 5× 物镜。

（3）放置样品，将要观察的样品移至中央。

（4）调节瞳距开始观察，调焦至样品清晰。

（5）将需要进一步放大观察的区域移至视野中央，转动物镜转盘，换更高放大倍数物镜（常用 10×，20× 和 40×），微调焦即可观察。

（6）更换样品时移到最低倍物镜。

（7）使用完毕将光强调至最低，物镜转换至最低倍镜，关闭电源。

显微镜使用中，心里要有"光路"的概念（图 4，B）。光路就是照明光源经过一系列透镜、光阑、样品最后到达眼睛所经过的路线。光路中的透镜和光阑要对中，复杂一些的显微镜聚光器可调，下面是聚光器快速调节（科勒照明调节）步骤：

（1）适当开启光强调节钮。

（2）选用 10× 物镜，放一样品载片于载物台上，调焦至样品图像清晰。

（3）将视场光阑旋至最小，调节聚光器水平调节钮和垂直调节钮，直至看到边缘清晰的正多边形视场光阑像，且像的位置位于视野中央。

（4）打开视场光阑，观察样品。

调节好的激光器基本是在最高的位置，接近载物台处。一般在开始显微观察前检查一下聚光器，科勒照明正常即可进行后续观察。

油镜的使用

初用显微镜时都会觉得放大倍数越大越看得清楚，实际上每一种观察手段都有它的适用范围和局限性。显微镜的放大倍数越大，景深越小。观察微生物常用 100× 镜头，常规配置的 100× 物镜是油镜。用它观察需要在透镜与玻片之间滴加专用的镜油，通常是用香柏油，折射率和玻璃折射率相近（$n \approx 1.5$）。油镜的使用方法：

（1）准备好样品（见微生物部分）。

（2）选用 100× 物镜，略微降下载物台，留出工作距离。

（3）样品放置在载物台上，确保要观察的样品在通光孔中央，滴上一大滴镜油。

（4）从侧面观察调节调焦旋钮，向上调节载物台，直至镜头浸没在镜油中且几乎接近盖玻片。

（5）眼睛移至目镜，用细准焦螺旋调焦至样品清晰。

（6）观察完毕用镜头纸擦净镜油。注意油镜观察后要及时取下样品，以免样品上的镜油沾到其他镜头，影响其他镜头使用。

暗视野观察

暗视野观察是利用丁达尔（Tyndall）现象：当一束光线通过肉眼看来完全透明的胶体，从垂直于光束的方向，可以观察到有微粒闪烁的光柱。日常生活中看到清晨射入房间或是树林的光柱就是丁达尔现象，由空气中的云、雾、烟尘等微尘颗粒反射或散射光线造成。要获得显微镜暗视野效果要点就是直射光线不进入物镜，由专门的暗视野聚光器来实现；也可以不用特别购置附件，自己制作中央遮光板来实现暗视野照明。

中央遮光法：用不透光的纸片或金属片剪成如图5所示的样子，放在聚光器下方遮挡住照明光线中央部分光线，不让直射光进

图 5　暗视野中央遮光板

入物镜。样品被遮挡片周围的环形光束斜向照到，样品的散射光和反射光进入物镜成像。遮光片的理论直径取决于所用物镜的数值孔径，聚焦后遮光片在物镜后焦面形成的影像大小与物镜的孔径一致。确定遮光板直径大小的方法：聚光器孔径光阑调节环上标有数值则将其调到与相应物镜一致的位置，此时孔径光阑的直径就是所需遮光板的直径；若聚光器孔径光阑调节环上未标有数值

则需调节好聚光器，调好焦，取下目镜通过目镜筒观察，调节孔径光阑开度与物镜的孔径一致，此时孔径光阑直径就是遮光板的直径。最重要的是不让直射光线进入物镜，只用样品的散射和反射光成像。

在日常生活中，细小的沙粒、水中微小生物、结晶等未染色透明样品用暗视野观察都有很好的效果，示例图见后面晶体观察部分。暗视野成像的光是物体表面的散射和反射光，能显示物体存在、运动和表面特征。暗视野提高样品与背景之间的对比，能见到小到 200 nm 的微粒。

显微观察图像记录

最早的显微图像是罗伯特·胡克在 *Micrographia* 中发表的精美手绘图。后来随着照相机的发展，用胶片记录有了专门的显微摄影，需要冲洗照片才能看到图像。现在显微镜有相应的摄像头和软件，用数字图像记录，非常迅捷方便。显微图像获取和处理也是目前显微技术发展很快的一个方向，在此不做详述。简单来说，要用图像完全还原肉眼所见是件很困难的事，肉眼观察到的始终要比纸上的图像要美丽得多。

那么在日常观察中，如何记录观察结果呢？最简单的就是用手机直接对镜头拍摄，也可购买显微镜适用的手机支架，拍视频。显微镜产商一般都提供各个级别的显微摄像头及软件，可选择使用。更好的方法是绘图记录，观察并把观察结果画下来。这一绘图记录的过程，需要仔细观察所见结构的大小、数量、颜色、相互关系……然后用笔在纸上表现出来。不仅是绘画，也是观察和表达能力的训练，即便对着照片手绘一次也会收获很多。

样品制作

有了显微镜，还需要合适的样品才能进行观察，制作样品要用一些常用用具。显微观察专用的是载玻片和盖玻片（图6，B）。常规载玻片是一块长方形（76 mm×26 mm）、厚 1 mm 的玻璃片。有的一侧有一块磨砂区域，可写标记。如果制作的样品后续会用到有机溶剂，可用铅笔在这个区域写标记，不会被有机溶剂消除。观察培养一些微小的生物可以用凹穴载玻片，有不同深度和不同数量凹穴的载玻片。盖玻片是厚 0.17 mm 的薄玻璃片，有圆形、方形、长方形等多种形状，各种大小的均有，可按需选用。我们最常用的盖玻片是 18 mm×18 mm，22 mm×22 mm。一般情况下备用载玻片和盖玻片浸泡在 75% 的酒精中，使用前用干净纱布擦干净。

还需要一些通用的小工具（图 6，A）：滤纸片能吸去液体；双面刀片可用于徒手切片；滴水瓶制作水封装制片时滴水；剪刀、大小镊子和解剖刀用于拆解样品，注意尖头镊子用完需要盖上保护帽；记号笔和尺子用于常规标记和记录。

通常样品的制作是将样品放到载玻片上，用液体（水）和盖玻片封装样品，可以理解为样品尽量薄封于折射率和玻璃接近的匀质透光材料中。制作前先整理一下要观察的东西，尽量铺展开，放到显微镜下之前注意液体不要太多（有可能沾到物镜上弄脏物镜），也不要太少（尤其观察活细胞时，观察过程中水分蒸发会直接挤压使细胞破碎）。桃花的各部分都能制作成合适的样品在显微镜下观察（图 7）。理解显微镜下观察到的图像，需要一些基础的生物学知识，在此对花粉和表皮相关知识和样品制作及观察做简要介绍。

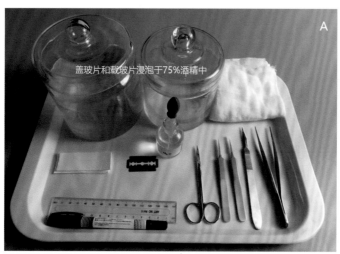

盖玻片和载玻片浸泡于 75% 酒精中

图 6　常用工具

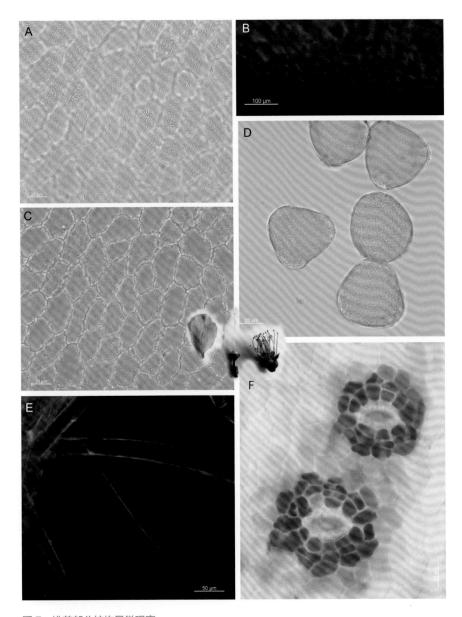

图 7 桃花部分结构显微观察

花瓣表皮细胞镶嵌排列，表皮细胞外面从侧面观为凸起小丘状（B），撕下表皮展平调焦可看到凸起的山丘沟壑（A）和紧密镶嵌的底座（C）；花粉椭球形，3 萌发沟，表面浅网纹（D）；雌蕊基部的表皮毛（E）；花萼表皮气孔周围的细胞内色素丰富，围绕气孔呈玫瑰花状（F）。

花粉

花粉大家都熟悉，生活中常会接触到，有人花粉过敏，特定的季节会很难受；花粉还作为保健品食用。从植物学的角度看，花粉是种子植物的雄配子体，包含雄性性细胞，在种子植物有性生殖过程中起重要作用。花粉在花药中产生，花开时雄蕊的花药开裂，释放出粉末状的花粉。成熟花粉有内、外两层壁。内壁相对有弹性，主要由果胶和纤维素组成。外壁质地坚硬，缺乏弹性，主要由孢粉素构成。外壁并不完全覆盖花粉，常有孔和沟槽，称为萌发孔、萌发沟。

同一种植物花粉形态特征稳定，不易受环境影响。不同植物的花粉各不相同（图8）。根据花粉形状、大小、对称性和极性，萌发孔的数目、结构和位置，壁的结构以及表面纹饰等，往往可以鉴定到科和属，甚至可以鉴定到植物的种。花粉形态特征为分类鉴定和植物系统演化的研究提供了有价值的资料。另外花粉外壁的孢粉素抗腐蚀及抗酸碱性能强，在地层中可经千百万年仍保持完好，是古生态研究的一个重要材料。

花粉样品制备：

（1）取载玻片，滴一小滴（约 15 μL）50% 的甘油或浓度 20% 左右的蔗糖。

（2）取花粉少量放入液滴中，用镊子分散开。

（3）盖上盖玻片，用滤纸吸去多余液体。

（4）显微镜下观察。

注意：在取不同植物的时候注意擦干净镊子，不要带入其他植物的花粉。如果用水作为分散花粉的介质，因渗透势的作用，花粉内容物会释放出，花粉壁仍可观察。观察时注意不同的花粉的位置朝向不同，要细心分辨，多观察。另外，花粉虽小，也有立体结构，观察同一花粉需要微调显微镜看清在不同的焦面上呈现的形态特征。不同焦面的特征可分别拍照记录，还可以以视频的方式记录花粉的立体形态（视频 2-1）。

视频 2-1
花粉和花瓣表皮细胞立体形态

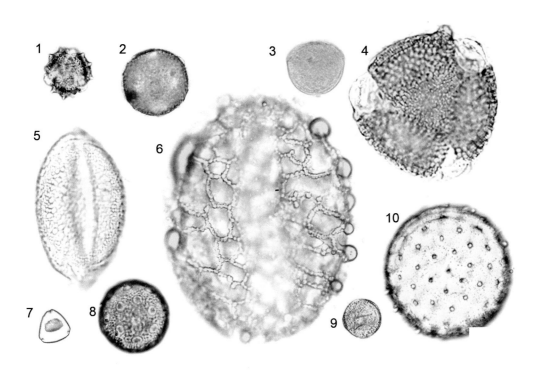

1 甘菊 2 头石竹 3 伯利恒之星 4 天竺葵 5 月季 6 百合 7 帝王花 8 狗尾苋
9 洋桔梗 10 楚雄景天

图 8 多姿多彩的花粉

多观察一些植物的花粉，总结它们的形态特征，以及和植物分类之间的关系。比如校园里的油松和白皮松，它们的花粉既相似又不同。尽可能地记录所观察样品的相关情况，观察花粉可以记录以下信息：

种名：中文名和拉丁学名

花：照片

花粉：照片

花粉特征：

【形状】球形、椭球形……

【大小（μm）】观察时测量有代表性的花粉。球形花粉测直径，其他测极轴和赤道轴长度。

【纹饰】光滑无纹饰、颗粒状、刺状、

棒状、网纹、条纹、皱纹……

【萌发孔】数目、形状，孔或沟（长径为短径的 2 倍及以上）及数目。

其他：有时候会遇到四合花粉、花粉块；松柏类花粉有气囊等情况可记录。

植物表皮

植物表皮是植物体最外面一层，直接与外界环境接触，保护植物内部结构并与外界交流。植物表皮细胞通常为单层扁平的活细胞，细胞拼图状紧密排列。表皮靠外的一侧有角质和蜡质覆盖，有的单个或多个细胞会特化形成各种各样的茸毛。这些结构特征有利于防止水分散失、微生物侵袭和机械或化学损伤，保护植物。另外叶和幼茎表面有保卫细胞，构成气孔，是与外界气体交换的通道；根的表面有特化的根毛细胞，吸收水分和矿物质。植物的表皮细胞形态结构变化多样，其结构特征与功能密切相关。

观察植物表皮，可以直接撕下最表面一层制片观察。叶片下表皮比较容易撕下来。一般将叶片摘下放置一段时间，让其略微萎蔫。叶子背面（下表皮）朝上，用尖镊子从叶脉处撕下小块表皮，铺展于载玻片上的水滴中，盖上盖玻片，吸去多余的水即可观察。操作可在体视镜下进行（视频 2-1）。

视频 2-1
花粉和花瓣表皮细胞立体形态

二、探秘身边微世界

显微镜下观察，样品要尽量薄，研究中会用专门的切片机来把样品切成薄片观察。在日常生活中不容易接触到专业设备，但也有很多种样品制作的方法，不用专门的仪器制片也能进行很多观察。在充分理解显微观察对样品的要求之后，对不同的制样方法也能触类旁通。这里就介绍一些日常生活很容易观察的材料和观察方法。

一滴水的大千世界

夏天水池的水中有大量浮游生物，如果密度足够大，直接滴一滴到载玻片上，盖上盖玻片即可观察。也可用细尼龙网过滤富集，或者离心富集后制片观察。

图 9 是北大未名湖水的一小块沉淀，肉眼仔细看才能看见一个小点，在显微镜下这个小点中生物种类丰富，形态多样。想当年列文虎克看到一滴水中居然有很多微小生物在活动，极为震惊，他的努力和热情，给人们打开了一个新的微物世界。

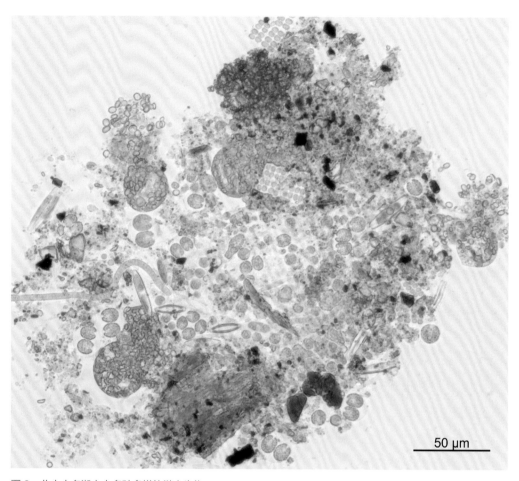

图 9　北大未名湖水中多种多样的微小生物

植物的内部

　　要看生物体内部细胞形态和组织排列方式要困难一些，在这里介绍徒手切片制作

显微观察样品。顾名思义，徒手切片就是用手拿刀片把新鲜材料切成薄片，然后封藏于水中即可观察。早年用剃刀，要磨刀维护保养，很麻烦。现在常用锋利双面剃须刀片来

切片（图10）。首先用解剖刀或单面刀片修剪材料，准备好的材料自然握持住，材料突出指尖，把切口修平，然后选用新的双面刀片，将刀片放在准备切割的样品切口平面，轻压住材料斜向后拉切。切下的薄片应该薄而透明，连续切几次后，将切片转移至水中使其分散展开，选取较薄的切片，用水封装即可观察。也可进行简单染色，增加反差利于观察（图11）。较幼嫩的组织或叶子等不易拿住的材料，可以夹在坚固且容易切的支持物中，泡沫板就是很好用的夹持材料，而且放入水中之后会漂浮，很容易和切下的样品分开。切片重要的是平且薄（视频2-2）。

视频2-2
徒手切片

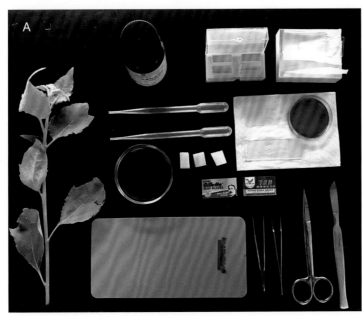

图10 徒手切片用具（A）和材料夹持方法（B）

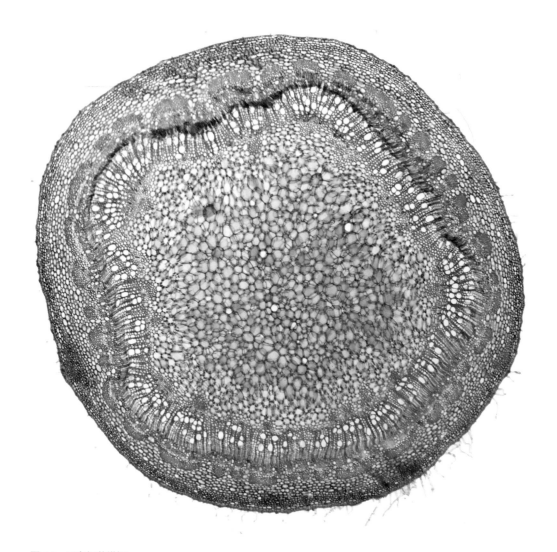

图 11　毛白杨茎横切

毛白杨幼茎徒手切片，此时组织中细胞仍处于生活状态，不同类型的细胞由于细胞质中的酸碱度和构成物质不同，与甲苯胺蓝不同程度和形式的结合显示出不同的颜色（切片由孟世勇制作）。

飞翔的翅膀

昆虫的翅，鸟的羽毛，都是身边易得又美丽的样品（图12）。蝴蝶翅膀上能看到成千成万鳞片整整齐齐密集排列。这些鳞片是由构成翅膜的细胞向外分泌伸展形成，依附在翅膜上，易脱落。鳞片色彩的来源有两种：一种就是鳞片内含无数彩色的色素颗粒；另一种称为结构色，如闪蝶翅膀会呈现变幻的色彩，这是由鳞片特殊物理构造，使照射光发生不同的折射、干涉，然后反射出部分波长的光线显出灿烂的金属光泽。羽毛的色彩形成也类似。

蝴蝶鳞片、鱼鳞、龟甲、鸟的羽毛、人的毛发骨骼、树干等都由细胞制造出来。一个生物体内，如果分为活的细胞和细胞制造的产物两部分，就会发现细胞制造出来运到细胞外构筑的结构占生物体很大一部分。

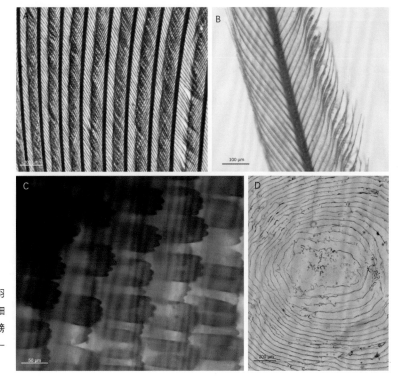

图12 动物的皮肤附属物

喜鹊的飞羽，紧密排列的羽枝（A），一根白色羽枝上细密的羽小枝（B）；蝴蝶翅膀上细密整齐的鳞片（C）；一片三文鱼的鱼鳞（D）。

美食也美丽

厨房是个实验室，各种油盐酱醋、食材经加工成美食。厨房中的材料都可以放到显微镜下观察，面粉、酸奶、酵母、味精等，美食也美丽。最容易观察的是盐，直接把盐放到体视镜下观察，能看到一个个晶莹的立方体（图13，A），不过盐粒互相摩擦，棱角已不分明。溶解成盐溶液，取溶液滴在载玻片上，待自然干燥后观察，能看到棱角

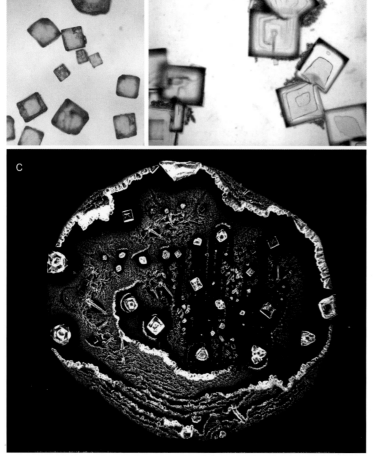

图 13 盐的结晶

A 食盐；B 盐溶液结晶；
C 盐晶"洞穴"。

分明大大小小的盐晶（图13，B）。很多因素会影响结晶的过程，最直观的表现就是晶体的大小、排列方式会变化。可尝试不同大小液滴，加或不加盖玻片，或用盐溶液"作画"等方式尝试创造图像，在显微镜下能获得一些不期而遇的"美景"。例如一小滴盐溶液，结晶后形成美丽的水晶洞穴（图13，C）。也可以尝试录制晶体生长的视频，待看到液滴的边缘开始有固体出现的时候即可开始记录，在显微镜下能观察到结晶迅速生长的奇妙过程（视频2-3）。

视频 2-3
晶体制作和生长

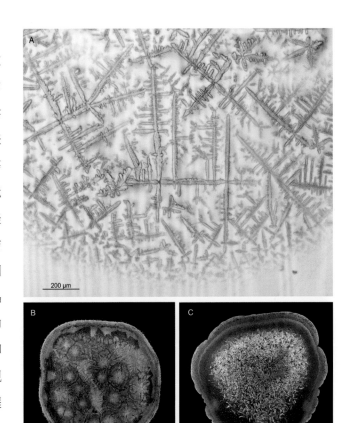

图14　人的汗水（A）、泪水（B）和尿液（C）结晶

我们的体液如汗液、眼泪、尿液大约含 1% 的溶质，也会形成美丽的结晶，不妨试一试（图14）。这类样品里面成分复杂、结晶有水分子参与，在水分蒸发后能看到结晶图案，但时间过长就会像岩石"风化"一样，不再保持结晶图案。而盐结晶没有水参与，形成之后不会变化，保存一段时间观察还是一样。

三、显微标本制作保存

　　如果有兴趣，可以自己收集一些样品干燥后保存，随时可以用体视镜观察。生物样品，例如之前解剖的桃花，用简单的热塑封保存，日后用于体视镜观察也很方便。自然干燥的生物样品，含水多的细胞脱水会形变，难以看清细胞结构。

　　在生物学教学研究中，时常会用到永久切片。这样的制片需要经过一系列固定、包埋、切片、染色、脱水、封片等步骤得到，需要专门设备。永久切片最后是用封固剂封存，常用的封固剂有两类：水溶性如甘油、糖浆；树脂性的中性树胶，加拿大树胶等。商品化的永久切片多为树脂封片，树脂的折射率与玻璃比较接近，使材料可以清楚地显现。

　　在这里介绍整体封固法，适用于小和扁平的材料。例如：微小的花粉，水池的浮游生物，小虫子等各种微小的东西，是不必经过切片就能观察的样品。永久制片都需要脱水，常用甘油或酒精脱水。甘油可保存植物自然的颜色，对于有色素的材料（如绿藻）效果很好，如果用酒精，叶绿素会被溶解。以水棉为例：采集清洗水绵，放入盛有10%的甘油的烧杯或培养皿中。甘油的量要多一些，保证水分完全蒸发后甘油的量仍能完全浸没材料。上覆滤纸，防止灰尘落入。将烧杯或培养皿置于通风处，待水分缓慢完全蒸发即可装片（注意蒸发不可太快，否则样品易收缩）。装片时载玻片上滴一滴纯甘油，取少量水绵到甘油液滴中铺展开（可在体视镜下操作），盖上盖玻片。沿盖玻片边用加拿大树胶或指甲油封固。

作品赏析

图 15 一朵月季花

图 16 地黄

地黄据说是北京大学的民间校花，其钟状花萼密被多细胞长柔毛，4 枚雄蕊开裂散出大量花粉（绘图叶律，其他图片由曾傲雪提供）。

图 17　一朵紫花地丁

其中一花瓣有细管状距（右上，图片由冷康瑞提供）；花药和子房（右中，图片由曾傲雪提供）；花瓣表皮细胞紧密镶嵌排列（右下，图片由冷康瑞提供）；左侧四张图是紫花地丁花粉萌发不同时间的视频截图，从视频 2-4 中可以看到花粉管生长情况（视频由曾傲雪提供）。

视频 2-4
紫花地丁花粉管生长

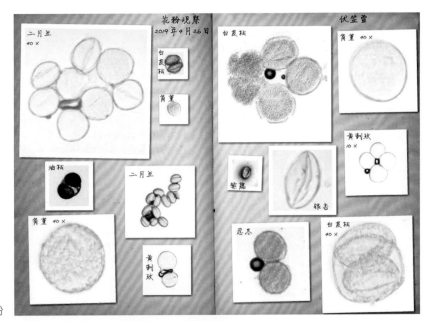

图 18 燕园花粉

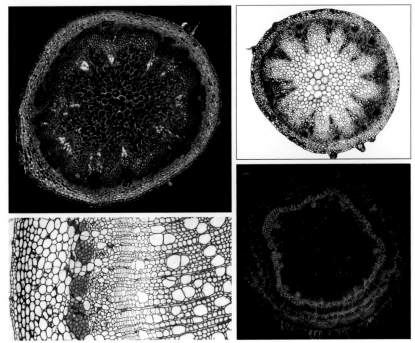

图 19 植物内部疏导组织有序排列
上面两张为拟南芥茎横切，左下毛白杨茎横切局部，右下为杨树幼嫩茎横切（图片由贺新强、孟世勇提供）。

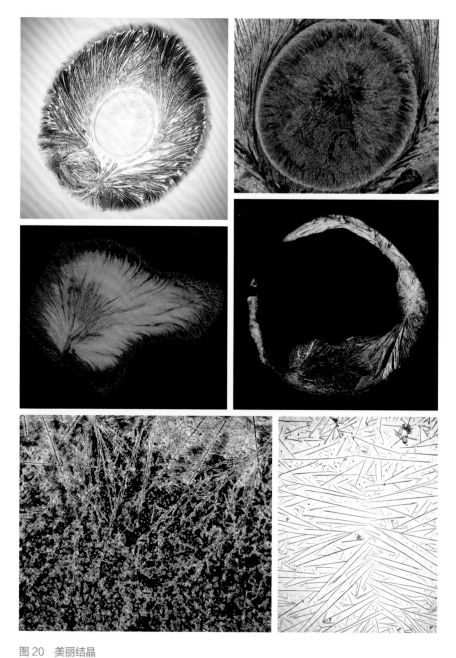

图 20　美丽结晶

上面四张图均为硫酸铜溶液形成的不同结晶图案，下面两张为高锰酸钾结晶（右下图片来自杨超淇）。

结　语

在此介绍了用显微镜探索周遭世界的基本方法。总结要点：（1）熟悉工具，常用的镊子、剪刀、玻片、体视镜，用好它们，照顾好它们，让工具成为自己个体有机的延伸；（2）用心理解你的样品，样品制作的情况直接影响观察效果。

当掌握其中的要点之后，可以自己充分发挥来观察身边的东西。不透光的样品是否能观察？光路里面可以加滤色片吗？是不是都需要盖玻片？法无定法，掌握其中核心之后，可以"从心所欲不逾矩"进行观察。在此介绍的观察只要求能在显微镜下看到有意思的图案，将体视镜和显微镜作为一种日常玩具，或者艺术创作的工具。生活中遇到的各种东西都可以想办法拿到显微镜下观察，我们习见的物体在显微镜下会呈现令人赞叹的样子，纸张、织物纤维、毛发……厨房里油盐酱醋也都好看。如果要进行科学的研究记录，需要保证显微镜调试到良好的状态。

今年春天北京的沙尘天多，收集了一点落下的沙尘在显微镜下观察。当用不同的观察方式去看的时候呈现完全不一样（图21）。没想到细微得手指都感觉不出颗粒的微尘看起来如此尖利，在特定的观察条件下，又灿若繁星，与日常感知的沙尘不同。显微观察带来的是另一种看世界的途径。我们在日常生活的尺度中形成巨与微、轻与重的概念。通过显微镜可以走入日常生活尺度之下的一个"微世界"，与"一沙一天堂、一花一世界"相遇。显微观察，是一场旅行，正如从高空俯瞰广袤大地，掠过江河大海。

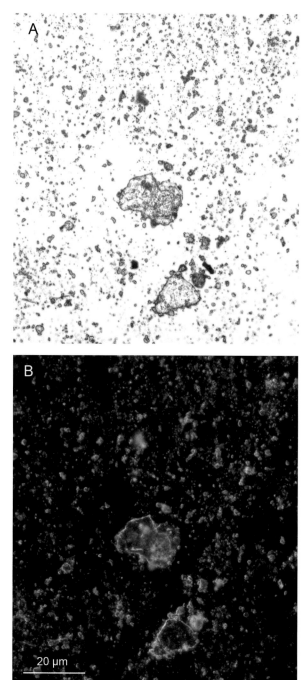

图 21　明视野（A）和暗视野
（B）观察沙尘

参考资料

（1）李正理 . 植物组织制片学 . 北京 : 北京大学出版社，1996.

（2）周云龙 . 植物生物学 . 第 2 版 . 北京 : 高等教育出版社，2004.

（3）Kesseler R, Harley M. Pollen: The Hidden Sexuality of Flowers. Devon: Earth Aware Editions, 2014.

（4）Hooke R. Micrographia. London: Printed by Jo. Martyn and Ja. Allestry, printers to the Royal Society, 1665.

（5）Listed N. Milestones in light microscopy. Nature Cell Biology, 2009, 11(10):1165. https://doi.org/10.1038/ncb1009-1165.

（6）Barreda VD, Palazzesi L, Olivero EB. When flowering plants ruled Antarctica: evidence from Cretaceous pollen grains. New Phytologist, 2019, 223(2): 1023-1030. https://doi.org/10.1111/nph.15823.

第三部分

植物标本

方寸之间的大千世界

引 言

标本，其实质是指具有代表性的样品。生物标本是取动物、植物或微生物等的一些个体或个体的部分作为样品，这些样品可以是新鲜的，也可以是干燥的或浸泡的材料。生物标本是人类认识、利用自然的历史见证和档案，是物种多样性最直接的凭证。通过对生物标本的系统研究，科学家可以得到生物物种相关的大量形态学、生态学、生物学和地理分布等信息。这些信息对于人们认识生物进化的历史，探索地球及其周围环境的演化过程，具有重大的意义。

植物标本主要分为浸制标本和腊叶标本。腊叶标本可以保持原植物的基本形态，不同物种具有不同的形态，因此可以通过标本研究植物多样性及物种之间的关系。每一份标本都具有详细的生境等采集记录信息，因此可以通过标本研究植物种类的分布与环境等相关关系。与此同时，一个狭小的空间内存放数千份标本，相当于一个缩小版的花园，因此在进行植物多样性教育方面具有特别的功效。植物标本长期以来是植物分类学与生态学研究和教学领域使用的基本材料。但是由于叶绿素不稳定，干燥后在光照下容易分解，花青素等色素也容易被氧化，因此大多数腊叶标本色泽暗淡，甚至叶子也容易脱落。此外，腊叶标本是平面结构，不利于对植物立体结构的观察。浸制标本常用于自然博物馆等地方的展览和教学，虽然制作过程复杂，但能保持植物的立体结构，尤其是花或果实的形态。在教学中腊叶标本和浸制标本优势互补，常结合起来使用。近年来，植物标本越来越被大众所了解，我们也在植物标本的制作和展览方面进行了一些创新尝试。

植物标本的起源与发展

植物学最初是作为一种医学实践而出现的。公元 1500 年以前，研究植物相关的药学家和神学人员往往依赖于活植物材料，因此植物园是非常重要的教学平台。然而，植物园需要雄厚的运行经费，而且容易受季节影响。为了方便教授学生识别草药，意大利博洛尼亚大学（University of Bologna）的植物学教授卢卡·吉尼（Luca Ghini）发明了标本，将植物材料直接在书本上压干，称之为 "hortus siccus"（图 1）。将植物标本存储在柜子中，这样就可以在任意时候学习和研究这些标本。因此，植物标本的发明改变了这一长期存在的教学方式，是当时的一项重大技术创新。这种标本的实用性很快就显现出来，他的技术很快就遍及欧洲。吉尼的学生蔡博（Ghirardi Cibo）在约 500 年前（1532 年）建成了第一个植物标本室（herbarium）。法国医师兼植物学家图尔内福（Joseph Pitton de Tournefort）首先将植物标本室（herbarium）一词应用于描述一系列干燥、压榨的植物。早期的植物标本由标本捆成书状的薄片组成，后来生物分类学之父林奈（Carolus Linnaeus）将标本解开，变成一张张独立的标本。这些标本根据各自所属类别分门别类地放在狭窄而垂直的架子上，可以很方便地重新整理和放置。这种方法在 18 世纪下半叶变得普遍并流传下来，直到现在植物标本的样式仍然保持原来的基本样式并广泛应用于植物分类学、植物生态学等学科的研究和教学。目前馆藏量大的标本馆如法国国家自然史博物馆 (P)、俄罗斯科学院科马洛夫研究所 (LE)、英国皇家植物园 – 邱园 (K)、日内瓦植物园 (G)、密苏里植物园 (MO)、哈佛大学标本馆 (GH) 等馆藏量都在 500 万份以上，其中法国国家自然史博物馆馆藏植物标本达 1000 万份。中国收藏植物标本最多的是中国科学院植物研究所标本馆 (PE)，有 265 万份。此外昆明植物研究所 (KUN)120 多万份，华南植物园（IBSC）100 万份。北京大学生物标本馆 (PEY) 是中国成立最早的标本馆之一，收藏有中国第一个进行大规模植物采集的植物学家——钟观光先生的大部分标本，同时还有京师大学堂时期采集的大部分标本，目前馆藏标本 6 万余份。

中国植物标本的采集可能要追溯到 1902

图 1 采集于 1560 年的植物标本

该标本为 *Cneorum tricoccon* L.，现存于德国卡塞尔自然历史博物馆（KASSEL）（图片来源于 KASSEL 网站）。

年钟观光在上海成立的科学仪器馆，他们在 1903 年成立标本部，开始自己制作并售卖标本用于大学和中学的博物学教学。北京大学植物标本最早采集于光绪三十一年（1905 年），那一年京师大学堂师范馆请日本教员到河北百花山进行博物学实习，并制作植物标本，培养师范人才（图 2）。入职北京大学

之后，作为中国植物学创始人之一的钟观光先生于 1918—1921 年，走遍福建、广东、广西、云南、浙江等十一省区，历尽艰难，共采得植物标本 15 000 多号，于 1925 年建立了由我国学者主持的第一个生物标本室。

1952 年院系调整后，燕京大学生物系和清华大学生物系的标本汇集于北大。目

前，北京大学生物标本馆的馆藏包含植物、菌类、动物、化石等各大生物群类，分布广泛，除中国大陆各省份和香港、台湾地区外，还有越南、美国、日本、朝鲜以及俄罗斯等国家的标本。我国著名植物学家秦仁昌院士曾评价"北大标本之真正价值不在于新种之多寡，而在所经地域之广大，各类包罗宏富，实为研究生态分布最完善之材料云"。

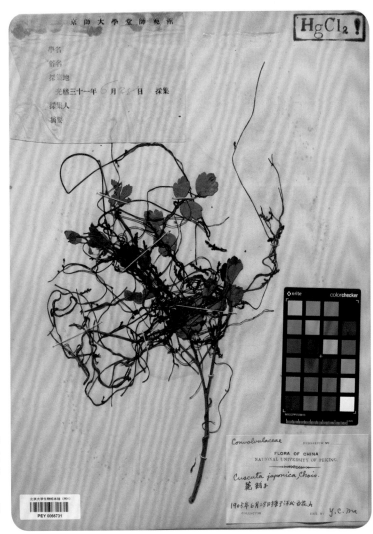

图2 菟丝子标本

该菟丝子（*Cuscuta chinensis*）标本由京师大学堂师生采集于光绪年间（1905年），现存于北京大学生物标本馆（PEY）。

植物标本的制作原理与分类

植物标本的制作原理就是通过如物理风干、真空干燥、化学防腐处理等各种处理方法，将植物永久保存，并保持其基本的形态特征。根据保存状态可以将植物标本分为腊叶标本和浸制标本，根据用途可以分为研究标本、教学标本和展示标本。腊叶标本的保存原理是通过利用吸水纸风干、暖风机／烘箱烘干或变色硅胶干燥等方法将标本迅速散失水分。近年来也有通过将变色硅胶和吸水纸结合的方法使标本迅速散失水分。腊叶标本制作方便，适合大规模制作和保存，常用于科学研究。浸制标本的制作主要包括保色和防腐两个方面。浸制标本的特点是能保持植物的立体结构，对植物颜色的保持更加出色。然而，由于花瓣的颜色多样性高，引起花瓣色彩鲜艳的原因有花青素、类胡萝卜素等多种因素，不同的颜色需要不同的 pH 才能维持，很多色素与浸泡液体成分之一酒精互溶，因此浸制标本的保色是最大的难题。植物研究标本主要指腊叶标本，教学标本和展示标本则包括腊叶标本和浸制标本。

植物标本的作用

植物标本最大的功能是用于科学研究。传统上，植物标本与植物进化、植物多样性等研究息息相关，科学家通过查阅大量的植物标本并对其进行分门别类，命名物种，了解物种的变异范围，探讨物种的进化过程。另外，通过植物标本上的生境信息还可以探讨植物分布的规律以及植物与环境的相互作用等生态学问题。标本数量的变异还能评估物种的濒危程度，了解不同时期物种的数量变化。此外，标本还可以用于研究药用植物、能源植物、蜜源植物和有毒植物等。植物标本的另一项重要功能是教学和科普展示，植物标本能保持植物的基本结构，而且是平面型结构，可以将很多标本保存在一个适当的范围内。根据不同的排列方式可以学习一个地区或一个类群的植物，不受季节的限制，因此是宏观生物学教学的最佳材料。由于植物标本具有不受时间和地点限制的优势，非常适用于对公众的生物多样性教育。公众可通过展示、参与制作或创作等方式增加对生物多样性与保护的了解。

一、腊叶标本的制作

腊叶标本是最常见的植物标本，也是最简单、用途最广的标本。腊叶标本的制作过程包括：标本采集、标本整理、标本压制、标本消毒、上台纸、物种定名和标本入库七个步骤（视频3-1）。

视频 3-1
植物标本的压制

标本采集

标本采集是标本制作过程中最基本的步骤，采集时标本的状态直接影响最终效果。标本采集时需要记录标本生存的环境信息、地理位置、植物的形态、大小、颜色和生长状况等信息。这些信息对分析植物的特征和分布具有重要的作用，一些标本甚至记载了该物种在当地的用途（宗教祭祀、文化或药用等）。一份标本的价值与信息的丰富度呈正相关。

标本采集需要准备地图、园艺枝剪、铲子、标本夹、吸水纸、采集袋、相机、GPS定位仪、号牌、采集记录签和定名签等采集工具。

一份标准的标本应该是能代表该种植物的带花或果实的枝条或全株，大小在长40 cm、宽25 cm范围内。一般要一式几份（数量视需要而定），稍加修整并挂上号牌，然后夹入吸水纸中压好，野外可以将同号的几份标本暂时夹在一起。需要注意的是：

（1）采集草本植物，应采集带根的全草。（2）乔木、灌木或特别高大的草本植物，可采其带花或果的植物体一部分。（3）水生草本植物，可先在水中将标本展开，然后再用硬纸板从水中将其托出，连同纸板一起压入标本夹内。（4）对一些具有地下茎（如鳞茎、块茎、根状茎等）的植物，如百合科、石蒜科、天南星科等，在没有采到地下茎的情况下是难以鉴定的，因此应特别注意采集这些植物的地下部分。（5）雌雄异株的植物，应分别采集雌株和雄株，以便研究时鉴定。（6）寄生植物应注意连同寄主一同采下。并要分别注明寄主和寄主植物，如桑寄生、列当等标本的采集。

植物的产地、生长环境、性状、花的颜色和采集日期等信息，对于标本的鉴定和研究有很大的帮助。一张标本价值的大小，常以野外记录详细与否为标准。因此，在野外采集标本时，应尽可能地当场进行记录和编号，以免过后忘记或错号等。野外记录的编号和号牌上的编号要一致，回来后根据野外记录签上的记录，如实地抄在固定的记录本上，作为长期的保存和备用材料。在野外编的号应一贯连续，决不因改变地点和年月就另起号头。现在常用手机应用程序（如中国科学院昆明植物研究所开发的"生命观察"）记录物种生境等信息，极大地方便野外采集。

标本整理

在标本采回来后，首先是标本整理，整理的原则是叶片不重叠，叶子正面和反面都有，花或果实正面朝上。将标本调整到适合的长度和宽度，将多余的叶子修剪掉，但要保留叶柄的痕迹。对于一些具有肥厚根、茎的标本，应将其用刀片切成两半；对于一些叶子巨大的如棕榈科的叶子则要切成1/4~1/2合适大小。其次是标本压制，压制12 h左右更换一次草纸，同时对标本再进行一次整理。这次整理很重要，可以对形态不佳的标本进行再次修正。

标本压制

标本压制指标本从三维立体结构变成二维平面结构的过程。在这个过程中植物的水分丢失变成干燥的标本。新鲜标本的失水方法有两种：吸水纸干燥法和暖风机或烘箱干燥法。

吸水纸干燥法：传统上常用一种土法制造的黄纸（称之草纸），现在也有用滤纸或滤纸加变色硅胶制成吸水能力强的压花板，通过每天更换草纸使标本达到相对快速干燥并保持原色。主要步骤：（1）打开标本夹，整理好吸水纸，使之平展而整齐。（2）将标本夹的其中一个夹板平放在一个平台上，将2~5张整理好的吸水纸放在夹板上。（3）将经过修剪整理的新鲜标本放在草纸上，在保证科学的基础上力求美观。（4）在新鲜标本上面盖上2~5张草纸，如此重复，直到压完所有标本。（5）将另一个夹板盖到最后一张吸水纸上，然后用标本夹上的绳子将标本连同草纸一起捆住，并用力压紧。（6）当天或第二天（间隔12 h左右）用同样的方法更换干燥的吸水纸，如此反复，一般7天左右，新鲜标本就变成干燥的平面型标本了。

注意事项：（1）一定要换干燥而无皱褶的草纸，干燥的草纸吸水能力强，有皱褶会影响标本的平整。（2）对体积较小的标本可以数份压在一起（同一号的），但不能把不同种类（不同号）放在一张纸上，以免混乱。（3）对一些肉质植物，如景天科的一些植物，在压制标本时，须把它们先放入沸水中煮3~5 min，然后再照一般方法压制，这样处理可以防止落叶并使植物在标本压制过程中停止生长。（4）更换草纸时最好把含水多的植物分开压制，并增加换纸次数。考察队等大规模采集时常用暖风机或烘箱干燥法，方法类似，但用瓦楞纸或瓦楞板替换草纸操作更复杂。

标本消毒

植物标本在上台纸前，还应进行消毒。消毒的方法就是把标本放进消毒室或消毒箱内，将敌敌畏或四氯化碳和二硫化碳的混合液置于玻璃器皿内，利用气熏杀标本上的虫子或虫卵，约三天后即可取出上台纸。如果是上台纸后消毒，早期的腊叶标本常用升汞（5% $HgCl_2$ 酒精溶液）消毒，但升汞毒性太大，后来多用溴甲烷熏蒸的方法。现在常用 −40℃ 低温冰柜冷冻 20 天，孵化 10 天，再冷冻 20 天，可将虫子和虫卵杀死。

上台纸

上台纸是制作腊叶标本的一个关键步骤。台纸以厚的没有经过漂白的卡纸为佳，大小为长 40 cm，宽 29 cm。主要步骤为：（1）将台纸平整地放在桌面上。（2）把消毒好的标本放在台纸上，根据标本样式设计造型并摆好位置，同时在右下角和左上角都要留出贴定名签和野外记录签的位置。（3）用刻刀在标本的适当位置上切出数对小纵口。（4）用具有韧性的白纸条，由纵口穿入，从背面拉紧，并用胶水在背面贴牢。（5）标本固定好后，通常在台纸的左上角贴上野外记录签，右下角贴上定名签。（6）贴上标本馆的条形码编号，完成一份标本的制作。

注意：（1）上台纸时应使用不容易长虫的白乳胶等。（2）体积过小的标本，如浮萍，不使用纸条固定时，可将标本放在一个折叠的纸袋内，再把纸袋贴在台纸的中央，观察时再打开纸袋。（3）最近有人用整体胶粘法来装订标本，就是用乳胶将经过消毒的标本直接粘在台纸上。本法制作速度快，但是质量不如用纸片粘贴的方法好，也不利于标本的使用。

物种定名

物种定名是一个比较专业的工作，需要具有一定的植物分类知识和必要的工具书才能进行。相关植物分类学基础知识可以参考大学教材，如周云龙主编的《植物生物学》等或植物分类学教材，如汪劲武主编的《种子植物分类学》和《轻轻松松认植物》等。

工具书可参考《中国植物志》（http://www.iplant.cn/）和各省市植物志如《北京植物志》等，或植物分类学专著如王文采院士的《中国楼梯草属植物》、洪德元院士的《世界芍药属专著》等。必要的时候还可以到标本馆进行核对，如北京大学生物标本馆网站 http://biojxzx.pku.edu.cn/index.php/Index/page/cid/95.html 或中国国家标本平台 NSII:

http://www.nsii.org.cn/2017/query.php?），也可以请专家帮忙鉴定。现在常用手机应用程序进行智能鉴定，依托于庞大的植物图片数据库和先进的人工智能深度学习技术，很多手机应用程序（如"形色""花伴侣"等）对植物的识别已经越来越精准，但是也有错误，这时就需要使用者具有一定分类学基本知识，能通过特征判断答案的准确性。

标本入库

将采集签贴在台纸的左上角，定名签贴在标本的右下角，同时将脱落的材料用纸袋装好贴在右上角备用。然后在台纸（一般在左下角）贴上标本馆的编号，按照顺序放入标本库中就完成了一份腊叶标本的制作（图 3）。

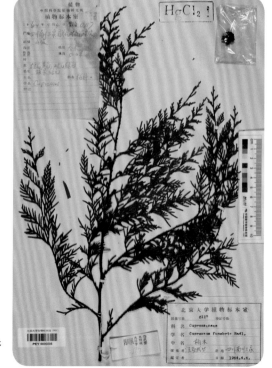

图 3　柏树标本

该柏树（*Cupressus funebris*）标本是 1964 年由汪劲武先生制作的，现存于北京大学生物标本馆（PEY）。

二、展示标本的制作

腊叶标本具有方便使用、长期保存和制作简单等众多优点，因此在植物分类与进化生物学研究领域长期使用并保留至今。然而，腊叶标本色泽暗淡，甚至叶子也容易脱落，不如动物标本那样栩栩如生。另外，由于是平面型，植物的立体结构不能完美自然地表现出来，特征也不够明显。因此在教学和科普使用过程中，蜡叶标本需要进行适当而有针对性的改造。

压花艺术起源于腊叶标本，最早是欧洲宫廷及上流社会的时尚娱乐活动。17~18 世纪时，人们就开始采用多色彩构图，并利用各种植物材料设计主题。19 世纪后半叶，压花技艺和插花艺术一样盛行，人们将压花作品用精美的镜框装点起来，做成室内装饰品或者书籍的封面，为人们提供了亲近自然气息、领略艺术魅力的途径。随着经济起飞，日本也开始流行压花，他们将细心严谨的风格与压花艺术结合并发挥到极致。他们成立压花艺术协会，改进花材的干燥和保色技术，发明原色压花器、微波压花器等专业工具，使压花艺术产业化。后来，压花艺术从日本传入中国大陆、台湾等地，一些大学还专门开设了压花专业课程。然而，压花艺术过于强调艺术，其科学性已经散失殆尽。

为了适应教学和科普的需求，将腊叶标本和压花艺术结合将是一种比较合适的尝试。我们将这种标本称为展示标本（图4）。展示标本具有腊叶标本的科学性和压花艺术的艺术性，使之成为教学和科学普及的有效工具。

图 4　展示标本

该珠光香青（*Anaphalis margaritacea*）的展示标本是由"生物标本制作与艺术"课程的学生杜心悦制作。标本植株的结构完整，形态自然舒展，一旁简绘的中药研钵则巧妙地反映出该植物的药物功能。现存于北京大学生物标本馆（PEY）。

制作原则

（1）展示标本的主题必须是植物种类，

这是因为展示标本的目的是使人们通过标本更加了解植物的结构、特色和功能等生物多样性知识。

（2）一份标本的材料应来自同一个个体，展示标本应尽可能保持科学性，利用同一个个体的材料进行创作应该是展示标本的基本要求。

（3）为了增加其艺术性，可以对标本进行适当的创作，包括在台纸上进行绘画，对标本材料进行适当肢解、排列与构图。

（4）每一幅创作应有一个主题，每一个作品都是一个故事。

（5）展示标本的最低层次是一个完整的腊叶标本，中等层次是达成科学与艺术的结合，能够吸引无科学背景的观众，最高层次是具有明确的主题，能够清晰表达出植物的特点或生物多样性主题，引起观众的共鸣。

制作流程

为了展览装裱的方便，展示标本的大小应与腊叶标本一样，即：长 40 cm，宽 29 cm，包含采集号牌，采集记录签，鉴定签和制作签。

展示标本的制作流程与腊叶标本基本相同，包括构建创作思路、标本采集、标本整理、标本压制、标本消毒、上台纸、物种定名和标本入库等八个步骤，但是侧重点不同。

（1）构建创作思路，应先有一个主题，再根据主题去采集标本等材料，明确采集重点，标本压制成什么形态，在台纸上的造型以及需要补充的绘画等。

（2）标本采集，根据创作主题采集，方法与腊叶标本相同。

（3）标本整理，根据创作主题对标本进行适当修剪，将不需要的部分剪下。

（4）标本压制，为了将标本保持原来的颜色，应进行快速干燥（暖风机或添加了干燥剂的吸水纸），有其他创作目的除外。

（5）标本消毒，与腊叶标本相同。

（6）上台纸，上台纸是创作展示标本最主要的表现步骤，根据创作思路与干燥之后标本的形态将标本固定到台纸上，方法与腊叶标本相同。

（7）物种定名，与腊叶标本相同。

（8）标本上展台，将制作好的展示标本装裱好之后，放到博物馆展览或进入标本库存贮。

三、浸制标本的制作

腊叶标本与展示标本的一个特点是平面型，对于一些立体结构很难真实展现出来，浸制标本正好可以展现植物的立体结构，尤其是鲜艳的花、肥厚的根茎和果实等结构（图5）。

浸制标本的原理是首先将植物材料固定，然后保鲜。植物保持绿色的主要成分是叶绿素。叶绿素由4个连在一起的卟啉环组成，中央络合一个镁离子。当细胞死亡后，叶绿素即从叶绿体内游离出来，游离叶绿素很不稳定，对光或热都很敏感，常用铜离子替换镁离子从而提高稳定性。保持叶片中的绿色之后再利用FAA溶液或亚硫酸溶液（有多种不同的配方）将植物材料固定，可以达到长期保存的效果。许多保存液中含有高浓度的酒精等有机溶剂，这些有机溶剂能将植物体内的有机物萃取出来，因此长期保存之后植物材料偏向于透明或黑色。无机溶剂如亚硫酸等则没有这种问题，但是亚硫酸溶液只能维持酸性条件，不利于一些碱性花色的保存，亚硫酸保存液的保存温度不能高于30℃，否则材料容易变色或发霉。

制作流程

（1）标本采集，与腊叶标本采集方式相同。

（2）标本整理，将变形的枝条、重叠或虫蛀的叶修剪掉，突出植物的特征，如花和果实或肥大的根茎等。

（3）植物标本保色处理，首先将3%的硫酸铜溶液加热至80℃，然后将整理好的标本放入硫酸铜溶液中，继续加热但不能煮烂。开始时标本慢慢变成褐色，然后变成绿色，当标本颜色和原来颜色一模一样时取出标本，放入清水中漂洗。

（4）将漂洗好的标本放入 15% 生物亚硫酸溶液中长期保存，温度在 10℃保存最合适，过高容易变质发霉。

（5）其他颜色的保存，由于花瓣颜色可能由花瓣液泡中花青素或花瓣中类胡萝卜素等表现，不同色素要求的 pH 不同，不能用同一个配方保存所有颜色。一般来说 4‰硼酸溶液保存粉色，3‰的硫酸铜保存黄色或淡黄色，其他颜色还需要继续探索。

（6）将标本放入保存缸中，固定。保存缸有圆柱形和方形两种。

（7）在保存缸的外面贴上定名签和采集信息，然后置于展厅供展览和教学。

图 5　浸制标本

该标本制作于 2014 年，叶片和树枝等结构的色泽保存良好。现存于北京大学生物标本馆（PEY）。

作品赏析

图 6　红蓼（*Polygonum orientale*）

该标本由夏天茹同学制作于 2018 年。由于采集时该植物的花期已过，所以作者通过科
学绘图的方式描绘了红蓼的花序细节，同时还以小路、大雁、诗词等细节展现了采集红
蓼时的生境和时节。该标本现存于北京大学生物标本馆（PEY）。

图 7　蜡实（*Kolkwitzia amabilis*）

该标本由贾瑞敏同学制作于 2019 年。蜡实的枝条舒展，花序和叶片的正反面细节均完美展示，然后在旁边点缀三只蝴蝶，画面灵动活泼，似有春风过案，香气怡人。该标本现存于北京大学生物标本馆（PEY）。

图 8　抱茎小苦荬（*Crepidiastrum sonchifolium*）

该标本由杨帆同学制作于 2019 年。由于抱茎小苦荬的花很小，而且压制标本往往难以展现标本的顶部特征，于是作者利用彩笔绘制了整个头状花序的俯视图，从中可清楚地观察到该花序的八重对称结构。花序下方接上一段标本花亭，虚实结合。该标本现存于北京大学生物标本馆（PEY）。

图9 珍珠梅（*Sorbaria sorbifolia*）

该标本由曾卓同学制作于 2019 年。作者以精致的画工补全了珍珠梅上缺失的一片叶子，同时绘制出珍珠梅盛花期最美的姿态，再配上一首七绝小诗，作者惜花、爱花的心情跃然纸上。该标本现存于北京大学生物标本馆（PEY）。

图 10　朱瑾（*Hibiscus rosa-sinensis*）

该标本由张雅乔同学制作于 2019 年。这是一幅典型的科学标本与压花艺术结合的作品，作者首先通过科学解剖学技术将花分成两半，展现出花的内部结构，可以观察到锦葵科单体雄蕊等特征，其次她还利用多余的花瓣和叶子勾勒出一只小鸟的形象，展现出一幅鸟语花香的画面。该标本现存于北京大学生物标本馆（PEY）。

图 11 圆叶牵牛（*Ipomoea purpurea*）

该标本由龚梓桑同学制作于 2019 年。作者巧妙利用了圆叶牵牛蔓茎的曲线，勾勒出该植株向阳而生的动态感。她同时通过绘画展现了牵牛花的俯视结构，并选用牵牛花瓣的颜色晕染在植株周围，形成一幅漂亮的山水画。该标本现存于北京大学生物标本馆（PEY）。

图 12　荇菜（*Nymphoides peltata*）

该标本由陆翔宇同学制作于 2019 年。这是一幅水生植物的标本，作品最大的优点在于它完整收集了荇菜的花和根，而且叶形优美，似乎还在水面上浮动。配上右上角一行小诗，更增加了画面的灵动感。该标本现存于北京大学生物标本馆（PEY）。

图 13　珖桐（*Davidia involucrata*）

该标本由倪文青同学制作于 2018 年。由于该标本的叶片颜色较深，不便观察，于是作者利用点和线将珖桐的叶子和苞片以非常逼真的方式还原出来，然后进一步将花序放大以展示其细节。苞片和茎叶摆放的位置也真实契合了它们在树干上的生理姿态。两行贴切的词句也是点睛之笔。该标本现存于北京大学生物标本馆（PEY）。

图 14　银杏（*Ginkgo biloba*）

该标本由杨舒雅同学制作于 2018 年。作者利用其高超的绘画技法将二次元和科学标本进行了完美结合，银杏叶似凤尾，又似凤冠，惊艳绝伦，令人怦然心动。该标本现存于北京大学生物标本馆（PEY）。

图 15 石花菜（*Gelidium amansii*）

该标本是王荣羿同学 2015 年在山东烟台野外实习期间制作的作品。藻类的特点在于枝杈繁多，容易交叉重叠，难以展现。作者将海边采集的藻类在实验室的水盆中缓慢抬高，最终将纵横交错的藻类标本完美展现在台纸上，标本距今 6 年颜色仍鲜艳如初，宛若新生。该标本现存于北京大学生物标本馆（PEY）。

结 语

踏入标本馆，缓步慢行，走近这整齐陈列的植物标本，总有敬意由心而生。植物本身的美好经过制作者的提炼和重塑，其原有的脉络细节和生命的秩序感仍然纤毫毕现，岁月不败。时光在标本上定格，但过去的回忆却透过参观者对视的目光奔腾而来：这是京师大学堂时期学生们去百花山博物实习采集的标本，采集标本的他们应该跟这些花儿一样正处于盛放的年岁吧？这是中国植物采集第一人钟观光先生于广东采集的标本，并由美国植物学家梅尔（Elmer D. Merrill）命名为钟君木（*Tsoongia axillariflora* Merr.），两位东西方学者对植物学的热爱似乎透过这幅标本而跨越空间，如伯牙子期般彼此通达；这是我国有名的特色植物珙桐（鸽子树）（*Davidia involucrata* Baill.）的标本，两片白色的并不是它的花瓣而是它的总苞片，用于吸引昆虫传粉。不知道停留在其上的小昆虫们有没有感慨过大自然的复杂和神奇：

为什么草原上的花要开得那么大而鲜艳？为什么春天那么多植物同时开花而不会混淆花粉？为什么有的花结构精巧而有的却简单粗放？……

当我们对某一棵植物进行解剖、干燥并制作标本时，似乎是在给它举办一场永生的仪式。植物之美会被长久地固定和封印，同时我们会观察、触摸、感受到它真实的纹理，从而了解它是如何巧妙地吸引昆虫而排除异己，感慨它在特殊生长环境中演化而来的结构细节，并叹服于大自然鬼斧神工的造物神奇。

植物标本的制作为我们打开了一扇认识植物、了解自然的窗户。而如果在植物标本的基础上加入制作者的艺术创作，则可以在标本科学性的基础上，融入更多创作者的个人想象和情感表达，甚至是使植物重生出新的生命意义和美学欣赏价值。

聪明的你，何不动手一试呢？

参考资料

（1）Bridson DM, Forman L. The herbarium handbook. London: Royal Botanic Gardens, Kew, 2014. pp: 23-25.

（2）Isely D. One hundred and one botanists. West Lafayette: Purdue University Press, 2002. pp: 351.

（3）Leroy JF. 'Tournefort, Joseph Pitton de' in Gillispie, Charles Coulston ed. Dictionary of Scientific Biography XIII. New York: Scribner, 1976. pp: 442-444.

（4）ller-Wille, Staffan. "Carolus Linnaeus". Encyclopedia Britannica. (2021-01-07) [2021-04-06]. https://www.britannica.com/biography/Carolus-Linnaeus.

（5）Stefanaki A, Porck H, Grimaldi IM, Thurn N, Andel TV. Breaking the silence of the 500-year-old smiling garden of everlasting flowers: The En Tibi book herbarium. PLoS One, 2019, 14(6), e0217779.

（6）李莹莹. 中国压花艺术发展现状及展望. 中国园艺文摘，2016，32(11): 63-65.

（7）洪波."压花艺术"的起源与发展. 园林，2012，5: 83-86.

（8）孟世勇，刘慧圆，余梦婷，刘全儒，马金双. 中国植物采集先行者钟观光的采集考证. 生物多样性，2018，26(1): 79-88.

（9）孟世勇. 植物标本的采集、制作与鉴定. 刘全儒等编. 北京山地植物学野外实习手册. 北京: 高等教育出版社，2014.

（10）张鑫，王辉，李东霞. 植物标本制作的研究概述. 教育教学论坛，2020，26(2): 153-154.

（11）葛斌杰，严靖，杜诚，马金双. 世界与中国植物标本馆概况简介. 植物科学学报，2020，38(2): 288-292.

第四部分

生态学

拓印出来的自然印迹

引 言

拓印是一门古老的技法，当今被广泛应用于生物标本的制作和复刻中。它虽然不是将生物的有机体直接制作成标本，但却最大程度地保留了有机体本身的形态和细节，同时又呈现出别具一格的艺术美感，是科学与艺术的完美融合。

在生物学领域，古老的拓印技法被不断改良和拓展，并广泛应用于动植物形态学、分类学和生态学领域的研究及教学中，如植物叶片特征的呈现，植物植株的复刻，鸟类和哺乳动物脚印的采集，鱼类标本的复现等。

同时，拓印在科普宣传领域也占有重要的地位。一是因为大多数生物拓印的操作过程相对简单易学，而且对仪器设备要求不高，在大中小学校或科普场馆很容易开展，具有很好的科普亲和力；二是因为生物拓印作品体现出独特的现实主义风格和田园风情，纤毫毕现地展现了生物体的独特美感，所以拥有一大批爱好者，他们在实际操作中又不断改进拓印技法，拓展拓印题材。

拓印的起源和发展

拓印，也被称作传拓，是我国一种非常古老的技法，主要用于复制一些有价值的器物表面凸凹的文字或图形。传统拓印的一般过程是将纸张覆盖在有文字或图案的器物表面，这些器物可以是石刻、青铜器、龟甲兽骨、陶瓦器、印章封泥和古钱币等，再用蘸墨或颜料的拓团将其打拓出来。其成品被称为拓本或拓片。因为纸的材质轻薄，又便于装订成册，有利于长期保存和远途运输。

拓印技法的产生依赖于被拓器物、纸和墨三个不可或缺的条件。从殷周至春秋时期，早期的文字先是被刻于龟甲兽骨，后又铸于青铜器，到战国时代开始使用石材刻字，例如被尊为我国最早的石刻文字之一的"石鼓文"就是其中一例（图1）。秦统一六国后，秦始皇命李斯为其写颂文刻石记功，开创了树立碑碣的先河。至东汉，经学盛行，为了有一个标准与权威性的经文，并可以长久地保存，人们沿袭了古人刻碑的传统，把儒家的六种经书刻写为《熹平石经》。

从此树碑立传风气盛行，遗留下来了众多石刻作品，这为拓印技法的出现奠定了基础。拓印同样离不开纸和墨。造纸术是中国古代的四大发明之一，相传已有二千多年的历史。至汉朝，造纸技术的改进使纸张得以大量生产，使普通人有机会使用纸张。墨的使用历史更加久远，或许可以追溯到新石器时代，当时陶器上的花纹便是由近似天然石墨的物质所绘制的。由古书记载可知，"墨"字在西周时就已经出现，至春秋战国时期墨已经得到了普遍的使用。由此可见，至汉魏时期拓印技法所必备的三大条件：石刻、纸和墨就都已具备了。

图1　石鼓文（作原）拓片（故宫博物院官网）

据考证，拓印技法可能脱胎于印章和封泥的用法，并在石刻、纸和墨的大量出现以后，逐渐成了一种复制金石碑碣的主要手法。据《隋书·经籍志》记载，拓印的技法在隋朝即已被应用。唐朝初年的文物拓本墨迹均匀、字口清晰，可知当时的拓印技法已经相当成熟。至宋朝拓印技法得到了广泛的发展，金石学[1]的兴起与纸墨制造水平的提升使拓印技法进入兴盛阶段，出现了大量金石传拓作品。到了明清时期，拓印技法由于拓印器物的差别、所用纸墨和工具的不同，再加上各地域的文化特点而被不断改进，出现了擦拓、煤拓、洗碑拓和全形拓等很多新的分支。当今，随着考古学的不断发展，对拓印技法的研究日益深入，这一技法也依然被广泛应用于文物考古的实际工作之中。

拓印的原理、分类和传统拓印方法

拓印技法的基本做法是使用宣纸紧密贴附于器物表面，然后在上面进行扑（或擦）墨，使其凸起处因着墨变成黑色，凹陷处因不着墨而呈现白色，从而制作出以黑纸白字（阳刻与此相反）为特征的拓片作品来。所以，尽量真实、准确地再现古器物的原始风貌是拓印技法的重要原则。在传统的碑帖收藏与鉴定领域里，古今金石拓片，特别是石刻拓片，尤重考据，凡有一笔勾摹者，即为作伪，这是一个十分严格的界限。也就是说拓印作品中如果有部分是自行添加或描摹的，而不是从器物上直接拓来的，从严格意义上讲就不是完全的拓印作品了。

如前所述，由于拓印技法在我国源远流长，再加上所拓器物的不同、各地区气候的差异及拓印所用纸墨原料和工具的多样性，所以种类繁多，效果各异。大体可以分为扑拓、擦拓、镶拓、蜡墨拓和颖拓等多种基本技法；从拓片的颜色和深浅上又可以分为墨拓、朱拓、彩色拓、乌金拓和蝉翼拓等类别；

---

[1] 金石学是当代中国考古学的前身，主要研究对象是古代铜器铭文和石刻文字。

从拓片内容的表现形式上又有平面拓和全形拓的区别。以石碑扑拓为例，传统的步骤主要包括：制作白芨水、丈量碑石、洗碑、裁剪拓纸、上纸、敲打、上墨、揭取、保存等。

拓印在生物学中的应用

拓印的基本原则是尽量客观呈现器物的原貌，这和我们制作（或复刻）生物标本的标准几乎是一样的。所以借鉴拓印的技法记录和复刻生物标本，似乎是科学标本与艺术作品相结合的一个新的生长点。特别是针对那些凸凹有致、自身带有精美形状或花纹的生物标本，利用各种不断发展的特殊拓印技法，会得到很多佳作。印拓、干拓、鱼拓、植物敲拓染、石膏拓印是针对不同的生物素材而出现的拓印分支，这些分支在原理上基本与传统拓印相同，但在具体的操作手法和使用介质上则是各具特色，百花齐放。

一、印拓

印拓是最直接、最简单的拓印方式，操作的过程非常类似于传统印章的使用方法。就是在生物标本表面涂上墨、颜料，或直接利用印泥着色，然后按压在纸上或布上形成印迹。

材料和工具

植物叶片是印拓的最佳生物素材，几乎所有叶片都可用于印拓，那些叶脉突出的叶片拓印效果最佳。植物的根、茎、花、果、种子也可以用作印拓，甚至日常生活中常见的干姜、丝瓜瓤、桂皮、八角等干制材料，迷你甘蓝、辣椒、芹菜叶柄、胡萝卜等蔬菜，苹果、梨、橘子等水果，以及菌类、贝壳、羽毛等都可以作为印拓的素材。

印拓可以根据目的的不同而选取不同的素材。例如，如果想表现植物叶形的不同，就可以选取大小近似而叶形各异的叶子进行拓印；如果想制作某一时段某一区域植物的缩影图，就应该选用此时段此区域中的典型植物进行拓印；如果想得到一幅装饰画或装饰性的桌布、窗帘、灯罩、杯垫，就可以根据具体的目标和喜好来选取适宜的素材进行构图和拓印。

植物素材的采集

如果想让你的拓印作品同时拥有科学性和艺术性，就要从素材的采集过程开始遵从以下原则和做法，仔细观察，认真记录：

（1）采集工作要先观察，再动手，特别

要注意安全。

特别要注意以下情况：尽量不去水边、山崖等危险区域采集植物，如果一定要去，必须站稳扶好，避免坠落；不要爬树进行采集；植物隐蔽处可能有毛虫、蜘蛛、蜂类等有毒动物，要先仔细观察，再动手采集；有一些植物会引起人体过敏反应，应尽量避免采集，如果一定要采集需要做好防护措施。

（2）整体性观察目标植株及所在生境并进行拍照，拍照时最好有个比例尺（下同）。记录采集的相关信息，如时间、地点、采集人、生境类型、株高等。

（3）鉴别目标植物的种类，可以借助"花伴侣"或"形色"等手机识别软件进行识别。

（4）根据不同的拓印目的，挑选有代表性的植物及其典型结构，采集需要的部分或整个植株。采集前对所采集的部位进行细节拍照（要有比例尺）。

（5）如果拓印作品是以叶片为主题的，则需在采集前辨别目标物种是单叶还是复叶，并辨别叶子的着生方式。

（6）根据作品的需要，采集适宜大小、质地的素材。如果需要拓印叶片，最好是采集带有 2~3 片叶子的小枝，这样可以避免叶片很快干枯。把采集的植物材料放入适宜的保鲜盒或保鲜袋，带回室内。

（7）如果采集的素材种类较多，为了避免混淆，要利用吊牌进行记录和编号，然后把吊牌挂在所采集的植物上（吊牌的具体用法见本书植物标本制作部分）。

印拓有多种具体的操作方法，所用到的材料和用具也各有不同。着色剂可以包括墨汁、油墨、广告色、丙烯颜料、记号笔颜料、印泥、复写纸、油漆等。作品的介质可以是各种类型的纸张、棉布、麻布、丝绸，甚至可以是木器、陶器的表面。所用到的用具包括垫纸或一次性桌布（防止着色剂污染）、油墨辊子（上油墨用）、记号笔（上色用）、毛笔、刷子或海绵块（上色用）、镊子、手套等。

操作方法（以叶片印拓为例）

如上所述，不同的方法具体操作过程会有些许不同，需要在操作时自行调整。

（1）清理叶片上的尘土和杂物，必要时可用清水轻柔冲洗叶子表面，用卫生纸吸干水分备用。

（2）对叶片进行拍照、观察、测量和描述，记录并填写标签。

（3）将垫纸或一次性桌布平整地铺在桌面上做隔离基底。

（4）将作品所用纸张平整地铺在垫纸或一次性桌布上，对作品进行构图和设计。

（5）将叶片平铺在印泥上，用手轻轻按压，使其均匀粘上印泥（或将叶片平铺在垫纸上，在叶面上用毛笔或辊子均匀涂抹墨汁、油墨或颜料）。

注意：印拓叶片时选取叶脉较突出的一面着色，拓出的作品会比较鲜明。如果要作为某种植物叶片的识别图形，需拓印叶片的正反两面。印拓用颜料的浓稠度要调配适当，不要过稀或过浓。涂布颜料时要保持均匀。也可以根据作品的需要，在同一片叶子上使用多种颜色增强表现力，但要注意不同颜色间的过渡需自然流畅。

（6）小心地用镊子夹取叶柄处，将叶片提起，有颜料的一面向下，放在纸张适宜的位置。

（7）在叶片上再覆盖一层干净的垫纸，用手按压有叶片的位置，使叶片上的印泥（或墨汁、油墨、颜料等）转印到纸张上。

（8）揭去上层垫纸，取走叶片，在叶片下方标明物种名、采集时间、地点等信息，或把前面写好的标签粘在作品适宜的位置。

（9）如果叶片过大，也可以把纸张盖在涂好着色剂的叶片上进行印拓，方法同上。但要注意叶片涂好颜色后，检查一下垫纸上是否有涂出去的多余颜料。如果有，应更换干净的垫纸，以免弄脏作品。

（10）拓印用过的叶子可洗净、擦干做成腊叶标本保存、备查。腊叶标本的制作方法详见本书植物标本制作部分。

附录：以下颜料和介质都可以尝试用作印拓[1]

水彩 Watercolors

印台墨水 Dye and pigment-based stamp pad inks

蚀刻油墨 Etching inks

油性浮雕油墨 Oil-based relief inks

印刷油墨（固体）Block printing inks（solid）

油画颜料和水溶性油画颜料
Artist's oil paints and water-soluble oil paints

凝胶和油基木器着色剂
Gel and oil-based wood stains

丙烯颜料 Artist's acrylic paints

乳胶漆 Latex paints

聚氨酯刻字漆 Polyurethane lettering enamels

纺织颜料（在纸上）Fabric paints(on paper)

金箔涂料（金箔）Gold leaf sizing (gold leaf)

聚氨酯胶/色素混合物
Polyurethane glue/pigment mixture

蛋彩画颜料 Tempera paints

工艺漆 Craft paints

植物汁液 Plant juices

玻璃颜料 Glass paints

自制陶瓷墨水 Homemade ceramic inks

油印油墨 Mimeograph inks

打印纸 Typing paper

铜版纸 Coated printer paper

卡纸 Card stock

水彩纸 Watercolor paper

海报纸 Poster board

各种宣纸 A variety of thin "oriental" papers

厚的印刷纸 Heavy printing paper

建筑绘图纸 Construction paper

薄绉纸 Tissue paper

厕纸 Toilet paper

---

[1] 参考 *Creating Art From Nature* 一书，有改动。

擦手纸巾 Restroom paper towels

鸡尾酒餐巾 Cocktail napkins

未加工的木材 Unfinished wood

陶土和硬化黏土 Ceramic clay and ovenharde-ning clay

透明胶片 Transparency film

玻璃 Glass

瓷砖 Ceramic tile

聚丙烯纸 Polypropylene paper (Yupo)

建筑防水纸、防水透气膜 Tyvek house wrap

二、干拓

干拓是传统拓印的一种，是将松烟子和蜡调和做成饼状的蜡墨块，使用时将干纸贴在器物表面，用蜡墨块在纸上摩擦形成印迹。这种方法特别适用于气候严寒的地区或潮湿的洞窟。其实简单来说，干拓和我们小时候用铅笔隔纸拓印硬币的过程是基本相同的。此处我们借用了"干拓"这一名称来代表所有类似的技法，但使用的工具不一定是蜡墨块，还包括铅笔、蜡笔、粉笔等，只要着色剂是固体形态的，都可以属于干拓的范畴。

材料和工具

干拓操作非常简便，基本上用一张纸、一支笔就可以完成，可以方便地应用到野外考察记录中。干拓的素材可以是植物的叶片、茎干、种子、动物的毛发、鳞片、羽毛等，但所拓素材的体积和表面凸凹都不宜过大。植物素材采集的具体步骤和注意事项参见植物素材的采集。

干拓用着色剂可以是传统的蜡墨块，也可以是更容易获得的普通铅笔、彩色铅笔、蜡笔、碳棒或粉笔等。干拓用的纸张不宜过薄或过厚。当用固体的颜料在纸张上摩擦时，过薄的纸张容易破损，而过厚的纸张在凸凹细节的表现上又差强人意。如果需要，也可以在棉布上进行干拓。

操作方法（以树皮干拓为例）

（1）选取适宜的植物，对整株植物、生境以及需要拓印的树干进行拍照、观察和描述，记录并填写标签。

（2）选择一块相对较平坦的、具代表性形态的树干，尽量避免树干上有其他附着动植物。

注意：为了便于操作，尽量选取高度和位置适宜的树干进行干拓。在拓印时要特别注意安全。

（3）清理树干上的尘土。必要时可用清水轻柔冲洗树干表面，用卫生纸吸干水分备用。

（4）将拓印用纸张平铺在树干表面，在四周用胶带固定。

（5）用固体颜料（蜡墨、铅笔、蜡笔等）小心地按从上至下，从左到右的顺序在纸上摩擦形成印迹。

注意：在干拓过程中，尽量使纸张与树干的位置保持不变，否则容易产生重影。在用铅笔进行干拓时，需将铅笔横过来使用，使每次摩擦获得的印痕面积最大。在摩擦时用力要均匀，不能时轻时重。

（6）全部拓好后将纸张从树干上揭下来，在图案下面写上植物名，在适宜的位置贴上标签。

三、鱼拓

鱼拓是一种借鉴了传统的金石拓印技法客观复印鱼的外形和凸凹细节的方法。相传其起源久远，最初只是垂钓者为了真实记录所钓到的鱼的实际尺寸而使用的一种记录方法，后来因其作品的美学价值逐步发展成为一种艺术形式。最初的鱼拓是采用墨汁来拓印的，只有黑白两色，后来又发展出了彩色鱼拓。具体手法上，鱼拓可以分为直接鱼拓和间接鱼拓两大类。直接鱼拓是将墨或颜料直接涂在鱼身上然后覆纸进行拓印，非常类似于印章的使用方法；而间接鱼拓是将湿宣纸覆于鱼身，然后在宣纸上用墨或颜料进行扑拓，非常类似于传统的金石碑拓。

材料和工具

鱼、平笔、线笔、毛笔、羊毛刷、铅笔、拓包、优质生宣或鱼拓专用纸、墨汁、颜料（丙烯颜料或鱼拓专用颜料）、食盐、喷雾器、泡沫板、橡皮泥、海绵球、剪刀、镊子、美工刀、胶水、牙刷、笔洗、调色盘、旧报纸或其他垫纸、一次性桌布、卫生纸或吸水纸、大盆、木刀等。

直接鱼拓步骤

1. 清理鱼体

清理鱼体是鱼拓中最重要的一环，对最终作品的效果影响巨大。多数鱼类体表附着一层黏液，黏液下还有一薄层表皮细胞覆盖在鱼鳞上，以减小在水中游泳时的阻力并阻碍有害微生物的侵入，对鱼类起保护作用。但这层黏液和表皮细胞会影响墨汁或颜料的附着力，并使鱼鳞的轮廓和花纹变得模糊不清；而鱼的鼻孔、泄殖孔、鳃裂等孔隙处在拓印时常会有血污流出，容易污染画纸，所以这些部位都需要提前清理干净。

清理黏液和表层细胞的具体做法是：将鱼安放在案板或大盆中，轻柔地将食盐均匀涂抹在鱼的全身，静置 2~3 min，蘸少许水顺着鱼鳞的方向用手轻轻摩擦，注意不要损伤鱼鳞和鱼鳍，最后用水冲洗干净。上述清理过程可以重复几次，直至鱼体表的黏液和表层细胞全部被清理干净为止，即摸上去有一种粗糙发涩的感觉。

清理孔隙主要利用吸附性强的卫生纸或吸水纸。鱼的鼻腔是一个不通口腔的盲道，将纸捻成小条，擦净其中污物即可。鱼鳃部

位有大量血管，容易在拓印时流出血污。可以用镊子夹取卫生纸或吸水纸小心擦去鱼鳃内的污物。如果标本不是特别新鲜，鳃丝已经开始溃烂，可用剪子将鱼鳃全部剪去，但要小心操作，不要损坏鳃盖。

上述清理工作完成后，用卫生纸或吸水纸覆盖在鱼体上，轻柔按压吸干多余的水分，再盖上湿纱布或毛巾，防止标本干硬变形。

2. 固定和造型

固定的目的是防止拓制时鱼体滑动，并把一些容易塌陷下去的部位支撑起来，避免出现重影和不清晰等现象。固定同时也是造型的过程，鱼嘴的开合、鱼鳍的伸展或收缩、鱼尾的方向都是需要细致考虑的。

对于体型相对较小的鱼，固定和造型时可以考虑使用橡皮泥，就是用橡皮泥将其粘在铺有垫纸的案板或平台上，并支持起容易凹陷的地方。固定和造型的具体部位可以选择头部、背鳍、臀鳍和尾鳍等处。固定和造型的原则首先是保证鱼体稳定，不会有前后、左右、上下地位移；第二是对背鳍、臀鳍和尾鳍这种比较容易塌陷的部位进行有力的支撑，并将其适度展开，保持生活时的形

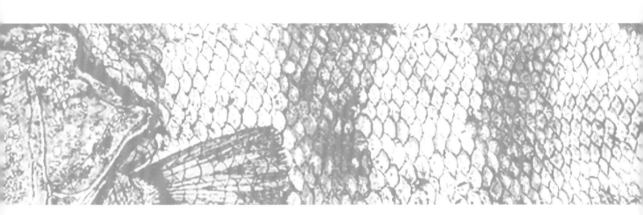

态；三是所有固定用的橡皮泥都不能超出鱼体，不然在拓印时会在作品上留下痕迹。还可以用纸团、棉花或直接使用橡皮泥对鱼嘴的开合进行造型，结合所拓印鱼种的生活习性、标本鱼体的具体形态，以及作品想要呈现的特殊效果灵活控制鱼嘴的开合幅度。

对于体型比较大的鱼来说，使用泡沫板进行固定和造型是一种比较适宜的方法。根据所拓鱼体的长宽高选择适宜大小和厚度的泡沫板。泡沫板的长宽应略大于鱼的长度和高度，泡沫板的厚度应以鱼体宽度的一半为宜。首先将鱼摆放在泡沫板上，并做好造型，造型的原则同上，造型时可以借助橡皮泥等工具。然后，用铅笔在泡沫板上比照造型好的鱼体描出外轮廓。移走鱼体，用美工刀沿画好的外形轮廓将泡沫板部分剔除，剔除的部分应尽量与鱼的左（或右）半侧身体

的形态和体积相当，即将鱼放入挖好的空隙中时，保证其一侧身体露在泡沫板表面，且背鳍、臀鳍和尾鳍部位不凹陷也不凸起，平展于泡沫板表面。对于鱼嘴、背鳍、臀鳍和尾鳍等部位的造型可结合使用小型鱼造型的手法和器物。

固定和造型后的鱼体是稳定而不易变形的，即按压鱼体的任何部位或拉动鱼体下的垫纸（小型鱼）鱼体都无明显的形变。

3. 上色前准备

添加衬纸：目的是避免在给鱼身上色的过程中涂到泡沫板或垫纸上的墨汁或颜料最终被拓印到作品上。我们可以先在鱼身轮廓的下方添加衬纸，在上色完成后再将其去除，这样就可以有效去除涂到鱼身外面的多余颜料了。衬纸最好使用那些墨汁或颜料不容易透过的纸

张，和垫纸一样，可利用废旧的报纸。

准备墨汁或颜料：根据需要拓印的份数和鱼的大小准备充足的墨汁和颜料。单色墨拓墨色也有深浅浓淡之分，上色前应提前备好。多色彩拓需要准备的颜料会更复杂。需仔细观察鱼体的颜色和花纹，或参考此物种鲜活个体的照片进行调色，尽量复原生活状态的体色和花色。这可能需要借用一些绘画的手法，抓住鱼的主色调。例如自然水域的鲫鱼主色调是黄色，在背部还掺杂有绿色、棕色、蓝色和黑色等。那么在调色时，就应在突出黄色的同时适当加入其他几种颜色来丰富色彩，使鱼看上去更真实、自然。仔细观察鱼体，会发现其背部和腹部的颜色是有差异的，一般情况下，背部颜色较深而腹部颜色较浅，这和鱼类的生活环境相关，是一种很好的保护色。所以在准备颜料的时候，应该根据背腹的颜色区别相应调配。还要注意颜料要有一定的浓度和黏稠度，不能加水过多，否则会影响其附着力。

4. 上色

上色前可先给鱼体拍照，以便上色时有一定的依据，也可以根据此物种鲜活个体的照片进行上色。选取大小适宜的平笔，从鱼的背部顺着鱼鳞的方向开始上色，鱼鳍部位要顺着鳍条方向从内到外、从前至后地上色。注意每种颜色的分布范围及颜色间的过渡。鱼体上墨汁和颜料要保持适当的数量，不能过多或过少，否则都会影响作品的清晰度。上色的整个过程要快速而紧凑，时间不宜过长，特别是在干燥的环境中，以免先上的墨汁或颜料干涸。鱼体全部上色完毕后，小心撤除衬纸。

注意：由于位置的特殊性，腹鳍一般不与鱼体一起拓印。而是在大部分鱼体拓好后，剪下来分别补拓。鱼眼是表现其生命力和精气神的地方，也是后续创作形成的。所以在第一次上色的时候，腹鳍和鱼眼不用着色。

5. 拓印

将备好的生宣或鱼拓纸喷湿，根据颜料的干湿程度调整纸的干湿度。将喷湿的纸从上至下小心地覆盖在鱼身上。从鱼的尾部开始小心按压，按照尾鳍、尾干、背鳍、鱼背、鱼头、胸鳍、鱼腹、臀鳍的顺序进行按压。全部按压完成后，从头部开始慢慢揭纸，一边揭一边检查有没有遗漏的地方，如果有可及时放回，再次加重按压。

注意：鱼头和鱼嘴的部位最好一次按压成功，此部分凸凹较明显，容易因微小位移而造成作品上出现重影。由于鱼的身体是有一定厚度的，所以在拓印时纸张会不可避免地出现一些皱褶，要小心地处理这些皱褶，可以使它们均匀地分布在鱼腹部位。

补拓腹鳍：将腹鳍沿基部剪下，对照鱼体照片或此物种鲜活个体的照片进行上色。将已拓好鱼体图案的拓纸图案面向上，平铺在操作台上。用镊子将已上色的腹鳍小心地放在拓纸上的相应位置，在腹鳍上放垫纸用力按压。

6. 后续创作

描画鱼眼：根据所拓鱼种的特征，参考鲜活个体的眼部照片，直接用毛笔描画鱼眼。在描画的过程中需注意：不同的鱼种，眼睛的形状不同，在描绘之前要仔细观察，把握形状及色彩的细节；鱼眼的颜色要与鱼体的颜色协调一致，一般情况下，用前面调好的颜料即可，如果眼睛的色彩与身体不一致，可以在前面调好的颜料基础上进行少量调色修订；注意表现出虹膜和瞳孔位置的光影效果和立体感。

可在拓好的作品中添加适宜的藻类标本以表现鱼类的生境，也可题字落款，加盖印章。

间接鱼拓步骤

间接鱼拓的具体操作方法非常类似于传统碑拓，也在很多过程上和直接鱼拓相同，只是在上纸和拓印环节有较大的区别。间接鱼拓过程简述如下：

（1）清理鱼体、固定和造型、准备墨汁或颜料的过程同直接鱼拓。

（2）用喷雾器将宣纸或鱼拓专用纸喷湿，将纸小心地覆盖在鱼身上，用手或海绵块将其紧压在鱼体各个部位，使纸紧紧粘附在鱼体上，之间没有气泡。亦可用较软的湿润羊毛刷，小心地从头至尾在拓纸上刷一遍，也是为了使拓纸紧贴在鱼体上。

（3）用拓包蘸取调配好的墨汁或颜料，按不同的部位依次轻轻扑打，不同的颜料最好使用不同的拓包。扑拓的过程可以进行几遍，直到效果满意为止。

（4）趁墨汁或颜料未干，小心地将拓纸从鱼身上揭下来，置于干燥处晾干。

（5）后续创作的过程同直接鱼拓。

四、植物敲拓染

植物敲拓染是一种既利用植物的外形和凸凹纹理来进行拓，同时又利用了植物自身汁液的颜色来进行染的手法。自古以来，人们就经常选用特殊植物的根、茎、叶、花、果实、种子作为染料，来为麻、葛、丝、皮、毛、棉等天然纤维材料上色。文献资料表明，我国在公元前 3000 年即已使用茜草、靛蓝、菘蓝、红花等植物染料进行染色操作了。而植物敲拓染就是利用了植物汁液本身的颜色为颜料，并借助卵石或橡胶锤等外力，将植物的自然形态直接印在棉、麻、丝绸或纸张上。

植物敲拓染是一种简单易行的植物复刻方法，只需要用到很少量的工具，这些工具甚至在野外也可以很方便地找到。由于敲拓染是直接把植物敲拓在介质上，所以可以最大程度保留植物的原貌形态和真实细节，是一种"原汁原味"的科学艺术品。同时，由于不同植物的汁液在颜色、浓度、氧化性等方面存在差异，不同植物的敲拓作品、同一种植物不同植株的作品，甚至同一幅作品在不同时间段都会呈现出不同的风貌和韵味。而不同的制作者也会在作品中表现出不同的艺术风格和敲击手法。这些都使得植物敲拓染蕴含着一种神秘的生命力。

材料和工具

各种植物叶片、花、果实或整个植株都可以成为敲拓染的材料。但由于是以植物自身的汁液为染料，所以选取颜色较浓郁、含水量适中、表皮较少蜡质层的植物比较适宜，而且所选用的植株也不要过嫩或过老。过嫩的植株纤维含量低，在敲染时形状保持不好，且较嫩的植株，汁液中水分含量大，颜色相对较浅。而过老的植株，汁液含量相对较少，染色效果也欠佳。植物素材采集的具体步骤和注意事项参见植物素材的采集。

此外，还需要大小适宜的圆卵石或各种型号橡胶锤、白色或本色棉布（麻布、丝绸亦可）、宽透明胶带、剪刀、一次性桌布、卫生纸、湿纸巾、记号笔、标签、刺绣绷子或相框等。

制作过程

（1）清理植株上的尘土和杂物。必要时可用清水轻柔冲洗叶子表面，用卫生纸吸干水分备用。

（2）对植株进行观察、测量、描述和记录，填写标签。

（3）将一次性桌布平整地铺在桌面上做隔离基底。

（4）按照作品需要，裁取适宜大小和形状的白色棉布，平铺在一次性桌布上。

（5）将需要拓印的植物在棉布上摆好，注意枝叶的疏密和整体构图。

（6）小心地用宽胶带将植物全部粘贴在棉布上。

注意：在粘贴过程中不要大范围移动植物，以免破坏构图；在粘贴过程中尽量保证植物花叶之间不要彼此重叠太多。

（7）翻转贴好植物的棉布，平铺在一次性桌布上。

（8）根据所拓植物的大小及质地，选用适宜的圆卵石或橡胶锤，按顺序在棉布上敲打，使背面的植物汁液渗出浸染棉布。

注意：在敲击汁液较多的植物或部分时需减小力度，避免汁液溢出过多，影响作品的形态；在敲击的过程中，如果植物的汁液过多，会透过棉布粘在卵石或橡胶锤的表面，这时，要及时用干净的湿纸巾擦拭，以免多出的植物汁液在下一次敲击时弄花画面；在敲击过程中，可根据构图的需要，适时调整敲击的力度，使画面有深浅虚实之分。

（9）完成所有部位的敲拓后，撕去背面的透明胶带，去除植物，将棉布放在通风的地方使其自然干燥。

（10）用刺绣绷子或相框装好作品。修剪多余的棉布，将标签贴在作品的适宜部位（视频4-1）。

视频4-1
植物敲拓染

1. 植物敲拓染的素材和器材准备

2. 将需要拓印的植物在棉布上摆好，注意枝叶的疏密和整体构图

3. 用宽胶带将植物全部粘贴固定在棉布上

4. 翻转棉布，用橡胶锤按顺序在棉布上敲打，使背面的植物汁液渗出浸染棉布

5. 撕去背面的透明胶带，去除植物

6. 薄荷 *Mentha haplocalyx*（左）、紫叶鸭跖草 *Setcreasea pallida*（中）和油点百合 *Ledebouria socialis*（右）敲拓染成品（本色棉布）

图2 植物敲拓染基本过程

五、石膏拓印

石膏拓印是生态学（ecology）中广泛使用的一种辅助性研究手段，可以用于植物叶脉和动物足迹的研究。

生态学是研究生物与环境之间相互关系及其作用机理的科学。生物的生存、活动、繁殖需要一定的空间、物质与能量。因此，在长期演化的过程中，生物逐渐形成对周围环境中物理因素和化学因素，如空气、光照、水分、热量和无机盐类等的特殊需求。此外，任何生物的生存都不是孤立的，同种个体之间有互助、有竞争；不同物种之间也存在复杂的相互作用关系。以上种种都是生态学研究的主要内容。

植物叶脉的石膏拓印是学习石膏拓印的入门课程，在了解石膏拓印的基本操作的过程中，还可以学习相关的最基本的叶形特征、单叶复叶、着生方式等知识。成型后的叶脉拓印模型既能当作艺术品欣赏，也可以作为兼顾视觉与触觉感官效果的教材用于辨识植物。在记录了拓印植物的名称、采集时间、采集地点之后，还可以当作一个区域永久的生态记录。

直接石膏拓印

1. 材料和工具

各种植物叶片、花、果实、种子或整个植株。以叶片的采集为例，具体操作过程和注意事项详见植物素材的采集。此外，对于初学者，还应注意以下事项：

（1）尽量不要选择那些采集后会很快闭

拢的叶子。

（2）不要采集面积或体积过大或过小的叶子。

（3）不要采集新长出的嫩叶，它们质地柔嫩，容易脱水，且不容易脱模。

（4）不要采集叶脉不突出的叶子。

（5）叶片上有细毛、虫瘿或破损，也可能会有意想不到的效果。

此外，还需要医用超硬速干石膏粉、水、天平或电子秤、量筒（50 mL）、一次性纸杯或塑料杯、搅拌棒、小镊子、牙签、保鲜袋、一次性桌布、卫生纸、丙烯颜料、画笔、调色盘、标签等。

2. 制作过程（以叶片拓印为例）

（1）清理叶子上的尘土和杂物，必要时可用清水轻柔冲洗叶子表面，用卫生纸吸干水分备用。

（2）对照植物叶片特征图，观察、测量、描述和记录叶子的基本特征，填写标签。

（3）将一次性桌布平整地铺在桌面上做隔离基底（这样可以使拓印作品的背面平整而光滑，且不留有其他的杂物或污迹）。

（4）按照所要拓印的叶片的大小，用天平或电子秤称量适量的石膏粉和水，水与石膏粉的质量比约为 1:3 至 1:4。不同批次的石膏粉，加水的量会稍有差异，需要自行摸索。

（5）将石膏粉倒入水中，用搅拌棒快速搅拌 60 s 至混合均匀，此时石膏液的浓稠度应类似于浓稠的奶昔。将石膏液小心倾倒在平铺的隔离基底上，使其自然伸展。

（6）用搅拌棒在石膏液表面轻轻拍打调整，做出适合叶片大小和形状的石膏底模。

注意：石膏底模不能太薄，否则容易发生断裂，越大幅的作品底模应越厚。

（7）将叶片按照叶脉突出面朝下的原则，轻轻放在石膏底模表面，用搅拌棒从中间向两边慢慢地压下叶片。耐心地将叶片下的气泡赶出去，使叶片与石膏完全贴合。

（8）静置（一般为 5～10 min），待石膏即将干燥时，即其表面由水润发亮转变为亚光状态时，用镊子从叶柄处慢慢拉起叶子，进行脱模。

注意：脱模的时机要把握好，不能太早，石膏尚未完全定型，拓印出的痕迹会模糊不清；也不能太迟，石膏完全干燥后，叶片就不容易被完整取下了。

（9）继续静置，待石膏完全干燥后，在背面贴上标签。

（10）若想进行进一步装饰，可以利用

水彩、丙烯等颜料进行上色，也可以利用打磨机或砂纸将石膏边缘打磨光滑（视频4-2）。

视频 4-2
植物叶片石膏拓印

1. 准备素材和器材，铺好隔离基底

2. 测量和记录叶子的基本特征，填写标签

3. 称量石膏粉和水

4. 将水加入石膏粉

5. 用搅拌棒快速搅拌 60 s 至混合均匀

6. 将石膏液小心地倾倒在隔离基底上

7. 用搅拌棒调整石膏底模

8. 将叶片放在石膏底模表面，用搅拌棒将叶片下的气泡赶出去

9. 静置 5~10 min

10. 石膏表面呈亚光状态时，从叶柄处开始小心脱模

图 3　植物叶片直接石膏拓印基本过程

陶泥翻模石膏拓印

1. 材料和工具

基本同直接石膏拓印，但取材可以更广泛，所有植物和动物材料均可，但有特殊的外部形态或表面凸凹的标本拓印效果更佳。

材料包括但不限于植物的根、茎、叶、花、果实、种子、动物足迹、羽毛、软体动物外壳、节肢动物外骨骼、脊椎动物骨骼等。取材方法同直接拓印，注意在取材前要先对目标动植物进行细致的原位观察、测量和记录（拍照和文字描述），并注意收集其生活环境的信息。

此外，还需要医用超硬速干石膏粉、水、陶泥、擀泥棍、美工刀、天平或电子秤、量筒（50 mL）、一次性纸杯或塑料杯、搅拌棒、小镊子、牙签、保鲜袋、麻布、卫生纸、丙烯颜料、画笔、调色盘、标签等。

2. 制作过程（以植株拓印为例）

（1）清理植株上的尘土和杂物。必要时可用清水轻柔冲洗植株表面，用卫生纸吸干水分备用。

（2）对植株进行拍照、测量、描述和记录，填写标签。

（3）将一次性桌布平整地铺在桌面上，做隔离基底。

（4）裁取适宜大小的湿润麻布，平整地铺在一次性桌布上。

（5）按照作品的幅面选取适量陶泥，借鉴揉面的手法用手将其揉匀。用擀泥棍将其擀成薄厚均匀的大片，厚度至少应有 1 cm，大小和形状依作品设计而定。

（6）将所要拓印的植物放置在陶泥上的适宜部位。如果有多个植株或多种动植物，需考虑合理布局和构图。

（7）用擀泥棍压实材料，使其部分陷入陶泥，形成印痕。

（8）用镊子小心去除动植物材料，注意不要在陶泥上留下其他的印痕。

（9）用美工刀修整陶泥边缘，使其光滑平整。

（10）用陶泥条制作边框，紧密围绕在陶泥底模四周，按紧，防止石膏液渗漏。根据作品的幅面，调整边框的高度，即最终石膏作品的厚度。作品幅面越大，相应厚度就应越厚，否则容易发生断裂。

（11）按照作品的幅面和厚度，用天平或电子秤称量适量的石膏粉和水，调配石膏液，调配的具体过程同直接拓印。

提示：做翻模拓印的石膏液，可以比直接拓印的更稀一些，这样有利于石膏液浸入每一处陶泥凹陷，减少作品上的气泡数量。

（12）将调配好的石膏液小心倾倒在陶泥表面，注意石膏液不要超过边框的高度。

（13）静置（一般约 15 min），待石膏完全干燥硬化后，将陶泥底模和石膏作品一起翻转，从上方小心揭去陶泥底模。

注意：翻模拓印的脱模要等石膏完全干燥后再进行，否则作品容易断裂。

（14）继续静置直至石膏表面完全干燥。可以用清水轻柔冲洗作品表面，以去除陶泥的痕迹。晾干，在背面贴上标签。

（15）若想进行进一步装饰，可以利用

水彩、丙烯等颜料进行上色，也可以利用打磨机或砂纸将石膏边缘打磨光滑（视频4-3）。

视频 4-3
陶泥翻模石膏拓印

1. 准备素材和器材，铺好隔离基底和湿润的麻布

2. 揉匀陶泥

3. 用擀泥棍将陶泥擀成薄厚均匀的大片

4. 将植物放置在陶泥上的适宜部位

5. 用擀泥棍压实材料，使其部分陷入陶泥形成印痕

6. 用镊子小心去除植物材料

7. 修整陶泥边缘

8. 用陶泥条制作边框

9. 把调制好的石膏液倒入陶泥模子

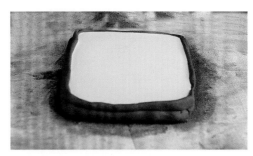

10. 静置约 15 min 至石膏完全硬化

11. 将陶泥底模和石膏作品一起翻转，从上方小心揭去陶泥底模

12. 侧柏 *Platycladus orientalis* 陶泥翻模石膏拓印成品

图 4　陶泥翻模石膏拓印基本过程

动物足迹石膏拓印

在群落生态学和种群生态学中，了解物种的分布范围和个体数量是研究的关键性问题。以动物类群为例，因为野生动物普遍存在躲避人类的天性，所以在野外直接观察到野生动物，特别是中大型的野生动物或者夜行性的动物是十分困难的。因此，在进行野生动物的分布区和数量调查的时候，最经常被发现的是动物的足迹、粪便、毛发、取食痕迹、卧穴等间接的信息。研究者们会充分利用这些信息，以推断动物的种类、分布范围、分布特点、栖息地利用状况，甚至进行某种动物的个体识别和数量统计。

足迹（footprint）是动物痕迹的一种，在野外湿润、松软的基质上最容易见到，如河边的泥地、海边的沙滩、雨后的裸土地等。足迹可以提供给研究者很多生态学信息：例如从足迹的形态特征可以推断一定区域内生存的动物的种类；从足迹的多少和路径可以推断动物的数量和分布范围；从足迹出现的时间可以推断动物的活动规律……进一步的软件分析还可以从足迹的相对形状、大小和其他细节判别动物的性别、年龄、发

育状态等特征。

此外，在古生物学中，足迹专指保留于沉积岩层面上的动物足印化石，一般多是爬行类、鸟类、哺乳类等脊椎动物的足印，据之可以判断动物个体的大小、四肢的类型、行动的方式等，并可用以确定岩层的顶、底面。

动物足迹翻模石膏拓印是从自然环境中采集野生动物足迹的一种方法。此方法所用到的材料和操作的过程都十分简单，速干石膏使取样时间大大缩短，所获得的足迹模型可以进一步进行多方面的深入研究，因此可以作为一种简便、快捷、实用的生态学野外调查和取样方法。

动物足迹翻模石膏拓印的材料和步骤与前述普通翻模石膏拓印基本相同，但有一些注意事项需特别标明。

1. 材料和工具

可直接在野外寻找河边的泥地、海边的沙滩、雨后的裸土地上的动物足迹直接开始拓印，也可以在动物经常出没的区域自行设计模拟河边、湿地、海滩的底质条件来采集足迹。在采集足迹的时候必须注意：应遵守

相关法律法规，不能对野生动植物及其栖息地造成威胁或损害；应提前查阅相关文献，根据目标动物基本生活习性，选择适宜的取样时间、地点和方式。

注意：速干石膏在固化的过程中会发热，所以留在雪地或冰地上的足迹，不适宜利用此法进行拓印。

此外，还需要医用超硬速干石膏粉、一次性纸杯或塑料杯、搅拌棒、陶泥（不必需）、水、标签、透明胶带、尺子、笔等。

2. 制作过程

（1）在野外发现动物足迹或采集到动物足迹后，应首先对环境和足迹进行拍照和测量，详细描述足迹的特征，如长、宽、凹陷度、着地方式（蹄行性、趾行性、跖行性）等。根据足迹特征初步判断动物种类，填写标签。

（2）根据足迹的大小和深浅，调配石膏液。野外没有天平和电子秤，只能靠经验大致估计石膏粉和水的比例，具体调配方法见直接拓印部分。

（3）小心地将石膏液倒在足迹表面，静置。

（4）待其完全干燥后拿起，在背面贴上标签。

（5）将石膏模型带回，查阅相关参考书籍，确定动物物种。

作品赏析

鸡蛋果（百香果）叶
Passiflora edulia

图 5　鸡蛋果（百香果）叶印拓（水性印泥、水彩纸）

作品背景：

鸡蛋果 *Passiflora edulia*：俗称百香果，西番莲科、西番莲属草质藤本植物。家庭种植，整株高约 3 m。叶柄长 1.5 cm，近顶端有 2 个杯状腺体。叶纸质，互生，长 8 cm，宽 8 cm，基部楔形或心形，掌状 3 深裂，中间裂片卵形，两侧裂片卵状长圆形，无毛。

采集时间：2020 年 1 月 31 日；采集地点：北京；采集和制作人：龙玉

作品分析：

新鲜的叶子和它的印迹，类似的形态、不同的颜色，仿佛是不同时段生命的历程，五彩斑斓，欣欣向荣。

柿子叶
Diospyros kaki

图 6 柿子叶腊叶标本（上）和蜡笔干拓（下）（普通复印纸）

作品背景：

柿 *Diospyros kaki*：柿科、柿属落叶大乔木。株高约 10 m。叶纸质，卵状椭圆形，长 12 cm（左）、15 cm（右），宽 6 cm（左）、9 cm（右），先端渐尖，基部楔形，老叶，无毛，上面有光泽，红色，下面黄褐色。中脉在上面凹下，在下面凸起，侧脉每边 5~7 条，下部的脉较长，上部的较短，向上斜生，稍弯，将近叶缘网结，小脉纤细，连接成小网状。叶柄长 2.0 cm（左）2.3 cm（右），上面有浅槽。

采集时间：2019 年 10 月 20 日；采集地点：北京大学校园；采集和制作人：龙玉

作品分析：

将干拓作品与腊叶标本一起展现是一种独特的创作思路，两者相得益彰，呼应成趣。

图 7　柿子叶腊叶标本彩色铅笔干拓（上）和蜡笔干拓（右）对比（普通复印纸）

作品分析：

作者对比了不同着色剂的拓印效果，彩色铅笔的拓印效果细腻生动，细节表现更加丰富，蜡笔的效果粗犷有力，线条浑厚，整体表现力强。

图 8　毛白杨叶腊叶标本蜡笔、彩色铅笔混合干拓（普通复印纸）

作品背景：

毛白杨 *Populus tomentosa*：杨柳科、杨属落叶大乔木。叶三角状卵形，长 11 cm，宽 10 cm，先端短渐尖，基部截形，边缘波状齿牙缘，上下面皆光滑。叶柄上部侧扁，长 6 cm。

采集时间：2019 年 10 月 15 日；采集地点：北京大学燕东园；采集和制作人：龙玉

作品分析：

此作品中部叶片由蜡笔拓印而成，左右两侧的叶片是用彩色铅笔拓印的。一幅作品中既兼顾了浓淡主次，又融合了粗犷和细腻，看起来别有韵味。

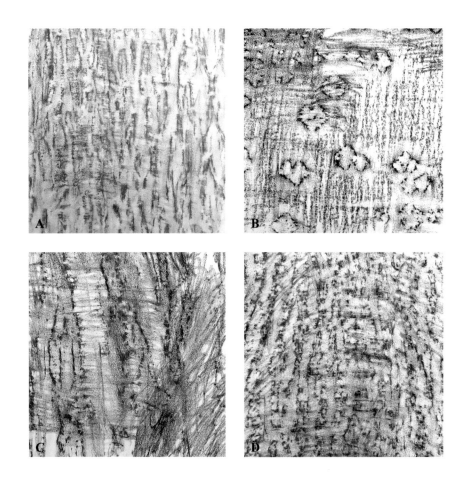

图 9 树皮蜡笔干拓（普通复印纸）

作品背景：

A 水杉 *Metasequoia glyptostroboides*：裸子植物，杉科落叶乔木，树皮灰褐色，裂成长条状脱落，株高约 10 m；
B 毛白杨 *Populus tomentosa*：杨柳科、杨属落叶大乔木，树皮壮时灰绿色，皮孔菱形散生，株高约 15 m；C 刺槐 *Robinia pseudoacacia*：豆科、刺槐属落叶乔木，树皮黑褐色，深纵裂，株高约 10 m；D 白蜡树 *Fraxinus chinensis*：木犀科落叶乔木，树皮灰褐色，纵裂，株高约 8 m。

采集时间：2010 年 10 月 16 日；采集地点：北京奥林匹克森林公园；采集和制作人：龙玉

作品分析：

不同乔木的树皮形状、色泽、瘢痕及脱落情况都不相同，甚至同一物种的树皮也会随着年龄的增加而产生变化，所以树皮拓印作品可以作为辨别树木种类和年龄的重要依据。如果你仔细观察，会发现树皮不只是植物死寂的外衣，它们具有一种独特的沧桑之美。不管是裂痕、皮孔，还是受伤后形成的木栓、瘢痕，都是顽强的生命不息成长的见证。

图 10 一串红茎叶花敲拓染作品（本色棉布）

作品背景：

一串红 *Salvia splendens*：唇形科、鼠尾草属，亚灌木状草本，高可达 90 cm。茎钝四稜形。叶卵圆形或三角状卵圆形，长 2.5~7 cm，宽 2~4.5 cm，先端渐尖，基部截形或圆形，稍钝，边缘具锯齿，上面绿色，下面较淡。轮伞花序 2~6 花，组成顶生总状花序，花序长达 20 cm 或以上；苞片卵圆形，红色。花萼钟形，红色，开花时长约 1.6 cm，花后增大达 2 cm，花期 3—10 月。原产巴西，我国各地庭园中广泛栽培，作观赏用。

采集时间：2020 年 9 月；采集地点：北京；采集和制作人：龙玉

作品分析：

一串红是最常见的观赏园艺植物，但正是因为常见也经常被人们忽略。在敲拓染的过程中，随着锤子的每一次轻轻敲击，这株植物的每一处细节都慢慢呈现在眼前，原来每一片叶、每一朵花都拥有独特的自我，独特的美。

图 11　黄栌叶石膏拓印（丙烯颜料上色）

作品背景：

黄栌 *Cotinus coggygria*：落叶乔木，树冠圆形，高约达 3 m。单叶互生，绿中带黄，长约 6.5 cm，宽约 5.5 cm，倒心形。叶柄长约 2.5 cm。叶尖微凹，叶基渐狭，叶缘全缘，网状叶脉。

采集时间：2018 年 9 月 28 日上午；采集地点：北京大学遥感楼至博雅塔的路边；采集和制作人：陈纪美

作品分析：

黄栌的红色是北京秋天的代表色之一，这一片心形的黄栌被作者染成金黄色，出其不意又毫不突兀，看起来别具特色。

图 12 欧洲荚蒾叶陶泥翻模石膏拓印（左）及水彩上色后效果（右）

作品背景：

欧洲荚蒾 *Viburnum opulus*：落叶灌木，高约 2 m。叶片颜色翠绿，柔软，三裂，长约 6.6 cm，宽约 6.2 cm，总体呈掌状。叶片边缘相对平滑，具有粗钝齿特征。叶基钝圆，叶柄上有数个腺体清晰可见。
采集时间：2020 年 10 月 9 日上午；采集地点：北京大学临湖轩东南小径边；生境：草木繁盛，品种多样，乔木与灌木丛生，白天较为阴凉；采集和制作人：李南鸽

作品分析：

这是用绿色加棕色水彩颜料调配上色的陶泥翻模石膏拓印作品。细腻柔软的陶泥可以展现叶片上的每一个细节，再由较为坚硬的石膏永久地固定下来，宛如一片真实的叶子静然的永远被定格在那里，愿所有美丽的事物都能永恒。

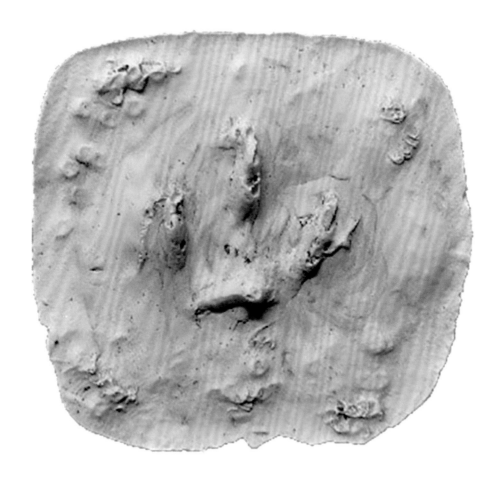

图 13　珠颈斑鸠足迹拓印

作品背景：

珠颈斑鸠 *Spilopelia chinensis*：鸟纲、鸽形目、鸠鸽科、珠颈斑鸠属。足迹长 2.9 cm，宽 2.7 cm，有明显三指印迹。
采集时间：2019 年 10 月 5 日 11 点 34 分；采集地点：安徽省合肥市包公园区域护城河南侧草坪；天气和其他：正在下
小雨，土地湿润的树林下，有许多鸟类在觅食；采集和制作人：张雅乔

作品分析：

这是作者在旅行途中采集自野外湿润土地的一枚鸟类足迹，常态足三个朝前的脚趾非常清晰，爪痕也很明显。石膏拓
印的足迹形态特征结合实地观察的结果，特别是极具特色的鸣叫声确定了珠颈斑鸠这个物种。

图 14　家猫足迹拓印

作品背景：

家猫 *Felis catus*：哺乳纲、食肉目、猫科、猫属。足迹约宽 3.5 cm，长 3.0 cm。

采集时间：2019 年 4 月 5 日；采集地点：北京大学燕南园；采集和制作人：曹宇涵、刘文转、贾瑞敏、赵一霖、金婉婷、刘天成

作品分析：

这是 2019 年春季学期选课同学的小组作业，他们在校园中利用食物引诱采集了流浪猫的足迹。这个足迹主要由四个椭圆形的指（趾）爪印和掌部圆角菱形的肉垫印组成，猫科动物的爪子可以伸缩，未在足迹上印出。整体来看，足迹就像一朵小梅花，具典型的趾行性动物的特征。

结　语

上述各类拓印方法可以单独或组合应用于不同类型的生物标本，这需要制作者根据具体的情况加以选择。好的自然艺术品从来都是有灵魂的作品。对自然界和生命的好奇心和热爱是激励我们不断探索的动力，也是作品灵感的源泉和感染的力量。希望那些被我们小心翼翼拓印出来的自然印迹，可以带你走进另一片神奇壮美的天地。

参考资料

（1）陈朝晖 . 浅谈拓印的历史与技法 . 南方论刊，2017(8): 71-72.

（2）周佩珠 . 传拓技艺概说 . 北京：人民美术出版社，2004.

（3）催新社，郑海燕 . 浅谈碑刻拓印方法与技巧 . 中国文物科学研究，2010(3): 60-62.

（4）郭玉海 . 响拓、颖拓、全形拓与金石传拓之异同 . 故宫博物院院刊，2014(1):145-153.

（5）李作龙，孙会霞 . 植物叶片的拓印法 . 植物杂志，1981(2): 28.

（6）杨福林，孙伟华 . 植物标本拓印法 . 河北旅游职业学院学报，2008(3): 88.

（7）陆水峰 . 创意植物拓印工艺的应用研究 . 丝网印刷，2019(7) : 15-22.

（8）Bethmann LD. Hand printing from nature: Create unique prints for fabric, paper, and other surfaces using natural and found materials. North Adams: Storey Publishing, 2011.

（9）徐峥 . 谈谈鱼拓艺术 . 文学教育（下），2011(10): 152-153.

（10）李世新 . 彩色鱼拓制作入门（一）. 钓鱼，2009(9):60-61.

（11）毛自斐 . 鱼拓艺术工艺及其发展分析 . 智库时代，2020 (11): 251-252.

（12）Nature printing society. The art of printing from nature. Winnipeg: Art Bookbindery Inc, 2016.

（13）Dewees CM. The Printer's Catch An Artist's Guide to Pacific Coast Edible Marine Animals. Berkeley: Frog Books, 1996.

（14）王玮 . 中国传统草木染历史发展概述 .

四川丝绸，2007(3): 52-54.

（15）陆冬冬．用材料的结构性厘清思维的层次性——拓展课《植物叶的敲拓染》教学设计与分析．湖北教育：科学课，2018(3): 87-88.

（16）黄一峰．自然野趣 D.I.Y. 北京：中信出版社，2013.

（17）马世来，马晓峰，石文英．中国兽类踪迹指南．北京：中国林业出版社，2001.

（18）顾佳音．东北虎雪地足迹个体识别技术研究．哈尔滨：东北林业大学，2013.

第五部分

压花艺术

定格美好生活

引 言

压花艺术（pressed flower art）是以干燥的平面植物材料设计制作成具有观赏性和实用性制品的艺术形式。首先是利用物理和化学的方法，将植物的根、茎、叶、花、果、树皮等材料进行压制、脱水、保色等处理，得到干燥的平面植物材料，即是压花艺术创作的基本材料，称之为压花花材。然后利用花材进行艺术创作得到植物艺术品。如今压花艺术已成为雅俗共赏的艺术形式。压花一词来自英文 pressed flower，在网上或书中看到的"押花"源于日文，其正确的含义应该是"压花"。

16 世纪初期意大利博洛尼亚大学（University of Bologna）植物学教授卢卡·吉尼（Luca Ghini）是有记载的第一个将植物压制干燥并装订到纸上作为永久记录的人。

当时为了方便教授学生识别草药，干燥的植物标本比有生命的植物材料更方便实用，这是 16 世纪的一项重大技术创新。18 世纪生物分类学之父林奈（Carolus Linnaeus）将标本一张张根据各自所属类别存放，这种方法流传至今，成为一直沿用的植物标本。

植物标本注重科学性，而压花艺术注重的是艺术性。目前公认压花艺术起源于植物标本，确切的年代不详。人们对美的追求，使用干燥植物材料制作成各种观赏艺术品，发展成现在的压花艺术。在中国清朝就有在压干的菩提树叶上画上佛像敬献给皇帝；在英国维多利亚时代维多利亚女王就是压花艺术家，压花是上流社会贵妇人自娱自乐的高雅活动；第二次世界大战后，在政府的大力支持下，日本人压花技术处于领先地位，对压花艺术的研究日益深入。除我国外，压花艺术在美国、韩国等世界多地发展，国内外有很多压花艺术比赛和实践活动，很多大学也开设了相关的课程。随着压花艺术的推广，很多人从第一眼看到压花作品时就会被它的独特和美妙所吸引，因此压花爱好者日益增多，在压花艺术的实践中体验到快乐。

随着现代植物干燥技术不断提高，植物材料干燥后能够保持天然色彩。同时，市场上也有很多染色花材售卖。压花艺术将植物科学和艺术相结合，采用干燥花材作为基础材料在平面上构图，作品的内容和形式多元化，植物的花朵、叶片、果实、茎等都可以运用到作品中，小到书签、贺卡、装饰品和生活用品，大到装饰画，格调高雅、色彩丰富、形式多样的压花作品为生活增添美丽的色彩。近年来压花艺术不仅仅局限在平面的形式，又发展了立体干花的形式，使艺术作品具有立体感，更具有装饰性。

本章的目的就是把这种新兴的艺术形式介绍给读者，学习制作简单的压花艺术品，体验创作的乐趣，提高自身艺术修养。有兴趣的读者今后可以进行更高境界的艺术创作。

一、植物花材的制备

背景知识

1. 花材的分类

花材从形状上可以分为团块状、线型和散点状三类。制作压花作品的设计构图时，可按照美学原理灵活运用各种花材，以达到最佳艺术效果。

（1）团块状花材：通常指呈团块状的花和叶，如月季、康乃馨、绣球花、晶菊、三色堇、美女樱等，具有花型接近圆形、色泽鲜艳的特点。在图案式或插花式压花画中常选较大型团块状花材作为主花，并以它为画面的主色调，另选一些大小不同的团块状花材作为陪衬，颜色与主色调协调。

（2）线型花材：各种穗状花、细长型叶材及植物的茎、藤蔓等属于线型花材。婀娜多姿的植物茎和藤蔓等弯曲的线条在构图中体现出活力和柔美。在压制时要注意保持植物原有的自然弯曲状态，还可以人为做出各种需要的形状。线型花材常用于图案中构制框架，如应用于 C 形、S 形等造型，或用于补充构图的边缘和梢头，使造型优美生动。

（3）散点状花材：自然界一些丛生小花，如满天星、蕾丝花、珍珠梅、六倍利等，花型多变，典雅秀气，色彩丰富，一般在构图时作为陪衬，使画面内容丰富。当团块状和线型花材构成的画面看上去略显单调时，适当加入一些散点状花材可以在花材之间起到补空或连接的作用，使画面更加均衡，色彩更加和谐。

2. 植物的天然色素

植物的颜色由组织中所含的色素决定。受到植物的生理条件影响，相同的色素会显现不同的颜色，不同的色素也可能显现相近的颜色。有时，花瓣的颜色是几种色素的综合表现。植物色素的化学结构主要有吡咯色素、多烯色素和酚类色素几种。

（1）吡咯色素：叶绿素是这一类植物色素的主要代表，广泛存在于绿色植物组织中。其与蛋白质结合形成复合体，存在于植物细胞的叶绿体中。当细胞死亡后，叶绿体游离出来，变得很不稳定，对光和热很敏感，极易分解。

（2）多烯色素：类胡萝卜素是多烯色素的代表，是胡萝卜素和胡萝卜醇的总称。

① 胡萝卜素类（叶红素类）：这类色素种类很多，除花以外，叶、根、果皮等部位也含有胡萝卜素。一般深绿色叶中，胡萝卜素类含量较高。胡萝卜素类呈现的颜色与其分子中共轭双键的数目相关，使植物呈现由黄色至红色的各种颜色。胡萝卜素类是脂溶性色素，一般不溶于水。酸碱度对其颜色影响不大，热稳定性强，不易被金属离子破坏，只有在强氧化剂作用下才能被破坏而发生褪色。常见的褪色原因是光敏氧化作用使分子中的双键发生断裂而失去颜色。

② 胡萝卜醇类（叶黄素类）：它们以醇、醛、酮、酸的形式存在，易溶于甲醇和乙醇，利用这一性质可与胡萝卜素类区分。在绿叶中，胡萝卜醇类的含量通常为叶绿素的 2 倍。

（3）酚类色素：酚类色素分为黄酮类、花青素类、甜菜色素类和单宁类等，是植物中水溶性色素的主要成分。前三类色素性质相似，在植物体内与糖类结合以糖苷形式存在，极易溶于水。另一个重要性质是酸碱度变化会引起颜色变化，光、氧气、高温都会促进色素降解。

① 黄酮类：广泛分布于植物的花、果实、茎、叶中，多数溶于水，多为淡黄色至无色，少有橙黄色。酸性强，颜色淡，碱性强，颜色变深。遇铁离子变成蓝绿色，在空气中易氧化成褐色。

② 花青素类：是一大类水溶性色素，最主要的是天竺葵色素、矢车菊色素和飞燕草色素 3 种，广泛存在于植物体中。各种花青素比例不同使花呈现出各种颜色。分子结构中随着羟基数目增加，颜色更偏向于蓝紫色。花青素在不同酸碱度时分子结构发生改变，引起颜色改变，酸性时呈红色，中性时呈紫色，碱性时呈蓝色。当花青素与其他化合物或金属离子形成复合物时，颜色就不受酸碱度影响。花青素对光和温度极其敏感，

含花青素的干花在光和温度的作用下会很快变成褐色。

③ 甜菜色素类：有红色的甜菜红素和黄色的甜菜黄素两类。酸碱度变化时会引起颜色变化，甜菜红素在碱性条件下转化成甜菜黄素，颜色由红色变为黄色。

④ 单宁类：存在于多数植物中，在结构上与黄酮类和花青素类相似。单宁类易溶于水、酒精、丙酮，水溶液为酸性，在多酚氧化酶的作用下易发生氧化反应并聚合生成褐色物质。

3. 植物材料在压制过程中的颜色变化及影响因素

（1）植物材料在压制过程中的颜色变化：植物材料在干燥过程中常会发生色泽的变化，称为色变现象。影响色变的因素有水分、温度、氧气、光（特别是紫外线）和微生物等，在干燥和保存花材时要综合考虑各种因素的影响。

① 褐变现象：由于植物材料中的色素或其他化学物质经过化学反应产生黑色物质，干燥后花材丧失观赏性。在色素含量较少的白色花干燥过程中最为明显，如玉兰花、梨花等，有些植物由于其他色素含量较高掩盖了褐变现象。褐变现象分为酶促褐变和非酶促褐变。酶促褐变的发生速度和程度与植物中氧化酶和过氧化物酶的活性相关，非酶促褐变是植物中氨基酸与糖发生化学反应而生成黑色物质，二者可同时存在。防止褐变现象发生是花材干燥工艺中需要解决的重要问题。

② 褪色现象：植物材料在干燥过程中和干燥之后，常发生褪色现象，如迎春花、连翘、桔梗、楼斗菜等颜色很容易褪去。这一类型的植物多含有黄酮类和花青素，由于色素本身的稳定性较差或细胞结构被破坏释放出氧化酶分解色素而失去原有的颜色。花材褪色常伴有褐变现象。

③ 颜色迁移现象：一些植物材料所含色素较稳定，由于干燥过程中细胞内的酸碱度及水分减少使颜色发生较大变化，称为颜色迁移现象，如紫红色的美女樱干燥后变为蓝色，粉色的桃花变为淡紫色等。

④ 颜色变深现象：一些植物材料中含有的色素多为比较稳定的胡萝卜素类、与金属离子络合的花青素类，受外界影响小，基本保持原有的颜色，在干燥后由于水分丢失而使颜色变深。

（2）引起植物材料色变的因素：

① 水分：水分既是参与色变化学反应的物质，又是化学反应的介质，所以植物材料

的含水量与干燥过程中发生色变现象的速度和强度呈正相关，发生褐变和褪色现象尤为突出。水分还是微生物赖以生存的必备条件，关系到微生物的活跃程度。干花的颜色由于没有了水分的物理作用也变得不如鲜花鲜艳。

② 温度：在植物材料干燥过程中，温度升高可使酚类色素稳定性下降，微生物活跃，酶活性增强，化学反应加速，使色变现象加剧。

③ 氧气：氧气参与植物细胞内的各种化学反应，细胞内的氧含量和环境的氧含量都会使吡咯色素和酚类色素易被氧化，发生褐变和褪色现象。

④ 光：含有酚类色素的植物材料在光特别是紫外线的作用下，会发生光敏氧化反应和光解作用，使色素分解发生褐变和褪色。光敏氧化反应和光解作用主要发生在干燥花材的保存和压花作品的应用过程中。

⑤ 微生物：微生物分内源性和外源性，一般水分含量高时较活跃。微生物不仅会引起植物材料腐烂变质，而且其代谢产物如有机酸、酶类等还会参与色素的降解反应。

4. 花材的保色和染色方法

（1）物理保色：是利用控制温度、湿度、光和干燥剂中的氧含量等外界环境条件，保持植物材料鲜艳色泽的方法。使植物材料迅速脱去水分主要是通过调节植物与干燥介质之间的湿度梯度来完成的。根据色素稳定性强弱选择不同的方法，目的是加快干燥速度，减少褐变。选择干燥条件时要综合考虑各种因素，如升高温度可以加速植物水分蒸发，但是同时会使微生物和酶活跃，一些热稳定性差的色素也会遭到破坏，所以保色效果是各个因素的综合体现。

（2）化学保色：通过化学试剂与植物材料中的色素发生化学反应，使其保持或改变色素原有的化学结构和性质的方法。通过增强色素稳定性、调节植物的内部环境、防止色素降解和抑制微生物活动等途径，使花材的颜色保持鲜艳并长久。

① 绿色叶片的保色：在植物体中叶绿素以叶绿素－蛋白质复合物的形式存在，植物材料干燥后，叶绿素游离出来变得很不稳定，在光和热的作用下极易分解褪色，以下是绿色枝叶保色处理的方法。

ⅰ．碱处理：将新鲜植物叶子在煮沸的小苏打水中处理后叶子鲜艳浓绿，颜色色泽均匀，保持也较持久。

ⅱ．酸处理：利用酸处理植物叶子，将叶绿素分子中的镁离子解离出来并以铜离子取代，形成稳定性强的叶绿素－铜离子络合物，使叶绿素的颜色更鲜艳、更稳定。

② 还原红色和粉色花材的颜色：用酒石酸或柠檬酸水溶液处理褪色的红色花材，可将花材的 pH 下降，使含花青素类色素的花材恢复原有的红色。

③ 白色花的保色：花瓣中含有的酚类物质使白色花极易褐变，亚硫酸盐是很好的还原剂，可抑制多酚氧化酶的活性，抑制酚类物质被氧化，具有很好的防褐变效果。

（3）花材染色：染色花材的优点是颜色持久保持鲜艳。目前市场上能买到各种染色花材，适合制作各种日用装饰品。花材染色分为活体染色和表面染色，效果有所不同。以下介绍几种简便可行的染色方法。

① 活植株吸色：即内吸式染色。将刚采集的新鲜植物整枝插入染料水溶液中，由于蒸腾作用使植物根系或茎部的维管束等组织吸收水分，染料随着水分被输送到植物组织，使花和叶呈现出染料的颜色，然后再进行压制干燥。此种染色方法，染料能均匀分布到植物细胞中，颜色自然美观，可以持久地保持颜色，有些还能看到植物组织的一些微观形态和奇特的色彩。一般采用容易被植物吸收的离子型染料，吸色时间依吸色情况而定，染料溶液的浓度和植物自身的特性都会影响吸色的速度和色泽的深浅。

② 浸染：将花材在易被植物材料吸收的色素中浸泡染色，工艺流程为：调制染液—浸染—固色—水洗—烘干。

③ 表面染色：方法简便，如在干燥的花材表面刷丙烯颜料、广告色等直接上色，再干燥。在用干燥花材作画的过程中也可根据需要用颜料如粉彩在花瓣上补色。表面染色因工艺水平有限会使色泽不均匀，缺乏自然美。

5. 压花植物材料的选择和来源

（1）压花植物材料的选择：在采集和压制时需要了解植物天然色素的知识，并通过多实践来积累经验，尽量选择颜色鲜艳且容易保持本色、厚度适中的植物材料。一些植物材料经过迅速脱水干燥后会保持美丽的天然色彩，一般金黄色、橙色和深蓝色的花色不容易褪色，而粉红色、红色的花颜色不容易保持鲜艳的颜色，白色花容易褐变，花瓣含水量高的花也不适合压花。制作压花作品时，画面较大的花束、花篮需要一些较大的花和叶。在书签、贺卡及风景画的制作上，小花小叶才是应用最多的花材。尤其是在制作风景画中，有时候需要用一个花瓣代表一朵花，一片叶子代表一棵树，所以在采集植物时要注意小型化，分割利用花和叶。

（2）压花植物材料的来源

① 花市盆栽花卉、鲜切花及自养花卉，不建议采摘园林观赏花卉。

② 野外小草、小花都是很好的压花材料，采集时注意保护野生植物资源，不建议大量采摘或连根拔起。

③ 秋天色彩斑驳的落叶、脱落的树皮等。

④ 网购商品干花，多数为染色花及正面花。

⑤ 厨房蔬菜的菜叶、菜皮以及水果皮等。

⑥ 压花爱好者互相交流。

6. 花材的干燥工具

花材的干燥方法很多，有自然干燥、硅胶干燥剂干燥、干燥板干燥、微波干燥、熨烫干燥和暖风烘干等，目的都是使植物材料快速脱水，最大限度保持植物的本色。专业的植物标本夹和各种压花器，随手可得的书本都是经常采用的干燥工具，下面介绍其使用方法。

（1）标本夹：是压制植物标本的专业工具，通常由木条或木板制成的两块夹板、吸水纸及绑带组成。将植物夹在吸水纸中，每层植物之间相隔多层吸水纸，可以多层植物同时压制，置于两块夹板之间，用绑带将标本夹绑紧，吸水纸的吸水量有限，需要经常更换干燥的吸水纸，直至植物干燥。或者在吸水纸之间用瓦楞纸板相隔，夹在夹板之间用绑带绑紧，用吹风机顺着瓦楞纸板的缝隙吹热风，这样能加快植物水分散发。

（2）微波压花器：国外有生产专业的微波压花器，由两片带孔的塑料板、两张衬垫、夹子、吸水纸等组成。原理是经微波造成植物材料的内部温度高于外界环境温度，使水分迅速蒸发，有助于保持花材颜色。微波干燥速度快，但一次处理植物材料数量有限，仅适用于含水量较大、所含色素热稳定性较强的植物材料，所以应用并不多。

（3）干燥板压花器：是压花爱好者使用最多的压花工具，适用于大多数植物材料。由于干燥板在制作时加入了干燥剂成分，使得吸水性大大增强，一般在干燥过程中不需要更换干燥板，经过几天，植物材料就能完全干燥，在干燥速度和保色方面比普通的吸水纸有明显的优势。干燥板吸水后在干燥箱中烘干即可反复使用。干燥板压花器一般配置是木制夹板（2块），干燥板（6块），吸水纸（若干），绑带（2根），塑料密封袋（1个）。干燥板有硬板和软板两种，软板的优点是有一定弹性，在干燥较厚的植物材料时不需要海绵缓冲。

（4）书本：利用书本干燥是学生最简单易行的干燥方法。选择纸张吸水性较强的厚书，使用后自然晾干，比较适合在气候干燥的地区使用。

（5）熨斗：用电熨斗烫压是快速干燥的方法之一。将植物材料摆放在吸水纸或白色棉布之间，用熨斗中温烫压，时间长短与花材厚度有关，熨烫过程中多观察，直至植物材料压平并干燥。

7. 花材的压制方法

植物材料的新鲜程度决定干燥后的效果，所以要选择刚开放的花朵或新采摘的叶片，注意花和叶质地薄厚适中，形态优美自然。在压制时根据植物的结构特点进行适当处理，可加快干燥速度并制造出多种形态，需要通过实践来积累经验，不断摸索新的方法。下面介绍一些常用的花材压制方法。

（1）花的压制：质地坚韧厚实、含水量小的中小型花朵适合压花。在压制时要考虑到构图的需要，可以整朵正面或侧面压制，也可以剖开或带枝压制；筒状花的花瓣可以分解压制；月季、康乃馨等重瓣花可将花瓣拆开分别压制，创作时再重新组合成不同形态的花朵；一些菊科的花可以整朵压制，分

解成花瓣压制也很有用途；含水量大且花瓣厚的花如玉兰花，子房很大的花如石榴花，都不宜进行平面压制；有些花瓣过薄的花，干燥后容易破碎，也不适合压制。

（2）叶的压制：选择形状优美、厚度适中、色彩丰富的植物叶片，太薄的叶片、肉质叶片、蜡质层厚的叶片均不适宜。对于表面有蜡质的叶片可以用细砂纸在叶片背面轻轻打磨，使叶片容易脱水干燥。许多木本植物的花和叶厚度适中，韧性好，还有许多蕨类植物的叶片形态优美，都是压花的好材料。

（3）藤蔓的压制：形态优美、叶形小巧且枝条纤细的藤蔓较易使用。对于较粗的藤蔓可以剖开压制，也可以用小刀在藤蔓一侧刮破表皮，这些方法都利于藤蔓快速脱水。藤蔓在压制时注意保持自然优美的弯度，也可以人为地制造所需要的弯度。

8. 花材的保存方法

花材如保存不当，受温度、光照（尤其是紫外线）、空气中的氧和水分等因素影响均会使色素发生变化，花材短期内就会失去光泽，变得枯黄，所以在保存过程中注意避光并密封保持干燥，花材的色彩可保持较长时间。干燥的花材可夹在书中或置于有干燥剂的密闭容器中保存，有些可以保色几年之久。

材料和工具

带盖的塑料盒或塑料袋，微波炉，电热恒温鼓风干燥箱，微波压花器，干燥板压花器，厚书，吸水纸，剪刀，镊子，小刀等。

操作方法

1. 采集植物

植物的花、叶、茎、藤蔓、果实、皮等都可以作为压花的材料，花、叶、茎可以分开采集。采集时间最好选择在晴天的上午 9 点左右，将植物材料置于塑料盒中，其中放些湿润的纸巾或棉球保湿，趁新鲜尽快压制处理，较厚的植物材料在冰箱 4℃环境下可保鲜几天。

2. 压制花材

这里介绍几种常用压制工具的使用方法。

（1）微波压花器：这里使用的微波压花器是一个老旧仪器的配件，算是废物利用吧。使用时把植物材料夹在吸水纸中，将其放在两张透气的衬垫之间，然后用两片带孔的硬塑料板夹住，用夹子将塑料板夹紧，放在微波炉中高火几十秒，微波后待衬垫冷却并散去潮气，打开塑料板，取出干燥的花材，步骤见图 1~4。不同含水量的植物材料需要用不同的火力和时间，需要实践摸索，避免花材焦糊，用微波脱去植物中大部分水分后可以再用干燥板或厚书继续压制至完全干燥（视频 5-1）。

视频 5-1
压花器的使用方法

（2）干燥板压花器：使用时按照干燥板—吸水纸—植物—吸水纸—干燥板—吸水纸—植物—吸水纸—干燥板……的顺序多层重复叠放。如果植物材料有一定厚度并凹凸不平，如有较厚花托的花朵，在使用硬板时

图 1 自制微波压花器

图 2 把植物材料夹在吸水纸和衬垫之间

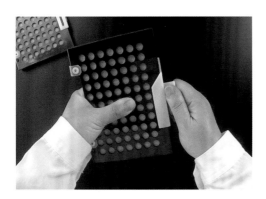

图 3 将塑料板夹紧

图 4 经微波干燥后的花材

应将花朵背面加一层薄海绵缓冲，使花瓣在干燥板上得到均衡的压力，保证干燥后花瓣平整不皱缩。将干燥板和植物的多层叠放组合放在两块夹板中间并用绑带绑紧加压，再装入塑料袋密封，避免干燥板吸收空气中的水汽，几天后即可得到干燥的花材，步骤见图 5~8。干燥板使用后一般用干燥箱在 80℃条件下烘干 1~2 h 即可再次使用（视频 5-1）。

视频 5-1
压花器的使用方法

（3）书本：将植物夹入厚书中，每层中间要隔出书籍若干页。为使花材平整，在书籍上面压重物，第二天可换到另一本干燥的

图5 干燥板压花器

图6 将植物材料摆在吸水纸上

图7 将干燥板和植物的多层叠放组合放在两块夹板中间并用绑带绑紧

图8 整体装入塑料袋密封

书中继续压制，直至花材干燥。用过的书可摊开放干燥通风处使其自然干燥后继续使用。如果植物有花粉或花蜜，可用吸水纸隔离，避免将书页弄脏。

3. 收集和保存花材

植物材料干燥的标准是其变硬变脆，而不是软塌塌的。将干燥的花材分类收集，如果所用花材品种和数量不多，也不需要长期保存，可以夹在干燥的书本中暂存。如需长期保存，可将花材用半透明的硫酸纸包好，放在自封袋里，在袋子外面贴上标签，写上花材的名称及压制日期。再将自封袋分门别类放在密封性良好的保鲜盒中，盒中放适量干燥剂（如变色硅胶），密封后放在暗处保存，这样可以延缓花材褪色（图8）。

二、压花书签的设计与制作

背景知识

压花书签制作简单，是学习压花艺术的第一步。书签画面虽然小，但制作时也包括了准备材料、画面设计、制作和装裱的全过程。利用多种植物的花、叶、茎等材料，根据构图需要进行组合，画面内容可以丰富多彩，如利用花材的天然状态表现植物生机勃勃的自然生长式；用花材表现插花花器和插花造型的插花式；利用花材的形态特征组合出几何图形的图案式；借鉴中国传统绘画的写意手法，灵活运用花材创作花鸟山水；利用花材的天然色泽、形态和质地等特点，以抽象式构图创作人物和动物；利用多种花材设计简单的小风景画；等等。总之，制作压花书签作为学习压花艺术的开端，不必拘泥于哪一种形式，只要发挥自己的想象力去创作，得到自己满意的作品即可。

材料和工具

剪刀，镊子，白乳胶，牙签，卡纸（15 cm×5 cm），干花花材，粉彩画笔，塑封机，冷裱膜，塑封膜，裁纸刀，打孔器，流苏或丝带等。

操作方法

1. 准备花材

制作书签对花材要求比较简单，可以使用自己压制的花材或网购的染色花材。自己压制的花材虽然颜色不易保持长久，但每朵花、每片叶子都有美好的回忆，制作的每一枚压花书签都赋予自己的感情，这是和使用网购花材的本质区别；网购花材的优点是色彩鲜艳并保持较长久，缺点是形态变化较少，需要灵活运用才能使画面不死板。

2. 构图设计

在构图设计上可以是下垂式、团块式、水平式、对角式等，内容上可以是小型插花、小型风景、人物、动物等，也可以是抽象图案，注意画面有设计感，而不是简单的花材堆砌。同时也要注意画面构图均衡，有对比，富于变化。压花可以和绘画相结合，但要注意绘画部分的比重不要超过压花部分。

3. 背景修饰

压花书签常利用有色卡纸或白色卡纸，按照构图设计的需要可以涂上底色来修饰背景，用以衬托主题、丰富色彩并增强立体感。修饰方法有很多种，如粉彩、水彩、丙烯颜料或各种彩笔，用粉彩画笔和彩色铅笔给背景上色是最为方便的方法，不需要干燥时间，容易掌握。粉彩的具体操作方法是用小刀刮下少量粉末于卡纸上，然后用手指或棉签涂抹，制成带背景色的卡纸。根据画面构图需要在不同部位涂上不同的颜色，注意宁淡勿重，过渡自然。

4. 摆放花材

首先选定主花，确定画面重心的位置，然后再选数种次花或枝叶搭配，在画面中起到补空和连接作用，在布局时注意疏密恰当、高低错落，使画面的布局均衡协调。选择花材时确立画面的主色调，结合背景的色彩，注意色彩的搭配，使整个画面的色彩不过于单调平淡，也不过于对比强烈，达到和谐的视觉效果。制作时按照构图在卡纸上尝试摆放主花、次花，同样的主题通常要做各种取舍和组合，最终选择一组最满意的构图形式完成作品。注意画面构图不要太满，卡纸上端要留出打孔的位置，一般孔距卡纸上沿 0.5~1 cm，卡纸下端可在空白处签名。如果用冷裱膜覆膜，在卡纸两侧边缘要留出 0.2~0.3 cm 便于裱膜。

5. 粘贴花材

可以将画面拍照，记住花材摆放的位置，然后按照顺序粘贴花材，最后根据画面需要适当调整和补充散点花材丰富画面。粘贴时用牙签蘸取白乳胶将花材依次粘在卡纸上，一般只需用少量白乳胶点在花萼或叶脉处固定即可，必要时在较大的花瓣尖端处用少量白乳胶加固。白乳胶中的化学成分有时会使花材变色，所以用量一定要少。

6. 书写祝福语并签名

可在书签作品的空白处写上祝福语，也可以在下面空白处写上名字和日期。

7. 塑封膜和冷裱膜保护

书签一般用塑封膜或冷裱膜覆膜保护。塑封膜使用塑封机高温压制，双面封膜，隔潮效果好，易于保存。热塑时花材上乳胶过多且未干透会有变色的现象，所以乳胶用量要少并干透才能进行塑封。也可用塑封机不加热过塑。冷裱膜一面带胶，在作品表面单面粘贴，隔潮效果不如塑封膜。粘贴花材时要注意卡纸边缘留出适当的距离以粘贴冷裱膜。使用塑封膜和冷裱膜两种方法时花材过厚或枝条过粗都会出现覆膜皱褶而影响美观，所以在制作时对花朵厚、花枝粗的花材要进行适当处理或避免使用。作品注意不要受潮和阳光直射，以减缓花材褪色。

8. 裁剪，打孔，穿绳

用裁纸刀将塑封好的书签四周多余的塑封膜裁掉，注意四周均留 2~3 mm，四角用剪刀剪出圆角，然后用打孔器在书签一端打孔，穿上流苏或丝带完成作品（视频 5-2）。

步骤见图 9~16。

视频 5-2
压花书签的制作

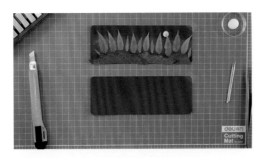

图 9　设计

图 10　用粉彩制作背景

图 11　使用白乳胶粘贴

图 12　塑封机过塑

图 13　裁剪

图 14　打孔

图 15　穿上流苏

图 16　完成图

三、压花装饰画的设计与制作

背景知识

压花装饰画的制作较为复杂，通常在题材选择上有两种情况，一是因脑海里有想要表达的主题而有意识地去寻找适合的花材，二是因采集到心怡的花材而去设计图案。不管是哪种情况，都是一个完整的创作过程。压花装饰画也同样包括植物自然形态式、图案式、插花式和国画式。利用各种花、叶、树皮的色彩、形态及质感等特点，做出风景、人物或动物装饰画，运用抽象的手法还可以创作出抽象风格的装饰画，相对于书签来说画面更大，内容更丰富。创作过程中灵活运用花材是表现画面美感的重要环节，也是压花艺术的难点和乐趣所在。在创作时不建议过度裁剪花材，而是利用大自然赋予植物的色彩、质地、纹理、形状等特征再加以艺术创作，体现出植物天然的色彩和质感，充分体现压花艺术独特的美。

压花作品的保护都是围绕着减缓花材褪色来进行的。基于花材中天然色素的特点，所有的保护措施都是要使压花作品防潮、隔绝空气、避免紫外线照射，从而有效地减缓花材褪色的速度，延长最佳观赏时间。随着时间的流逝，植物色素会逐渐褪去，就像一幅发黄的老照片，同样也有别样的观赏价值。从这个角度来说，天然色素的花材和染色的花材最好不要混用，否则天然色素的花材褪色后会使画面颜色不协调，影响长期观赏效果。

材料和工具

剪刀，镊子，壁纸刀，白乳胶，牙签，背景纸（素描纸、水彩纸或其他有一定厚度的纸张），干花花材，粉彩画笔，干燥板，铝箔不干胶（宽铝箔胶带），铝箔胶带，画框（初次学习建议使用 8 英寸或 10 英寸，1 英寸 ≈ 2.54 cm），冷裱膜（即单面胶）或双面胶等。

操作方法（以风景画为例）

1. 构图设计

以自己的喜好构图，可以是自然风景，可以是人文景观，也可以二者结合。具体元素上，可以是森林、山水、小桥、房屋、田园、人物和动物的组合。当确定主题后，用铅笔在背景纸上画出草图。

2. 准备花材

根据主题选择合适的花材，尽可能多地收集花材，使用时有更多的挑选余地。在制作风景画时花材要小型化，分割利用，例如各种颜色的树叶、蔬菜皮都是制作风景画的常用材料，可以制作房屋、小桥、栏杆等，花瓣可以作为远处的花、小鸟等，青蒿和蕨类的叶子可以作为一棵树或者大树的分枝。

充分利用植物的色彩和纹理，巧妙运用花材，才能使画面生动，体现出压花作品的不同之处。

3. 背景

粉彩是渲染背景最为方便的方法，也可以用花材制作背景，如天蓝色的绣球花常用于天空的铺设，褐变的白色花瓣也可以用来制作大面积的背景，这种整个画面满铺花材的方法比较适合较大的作品。

4. 特殊物体的制作

如房屋、人物、动物等，制作中会遇到大片花材裁剪或细小花瓣粘贴，常常用到单面胶（或双面胶）。干燥的花材会很脆，在其背面贴上单面胶（或双面胶）再进行裁剪就不容易破碎；粘贴细小花瓣时在单面胶上直接摆放粘贴比较方便快捷。以制作房屋和蝴蝶为例说明制作的方法。制作房屋时，先分别画出屋顶和墙体的纸样，把大片的花材背面贴上单面胶进行裁剪制作各部分，然后按照房屋结构用白乳胶拼接。制作蝴蝶时，不管蝴蝶翅是否重叠，都要在单面胶上分别画出4片完整的蝴蝶翅的纸样，并将其编号记住位置。然后在单面胶上从翅的外缘开始将不同颜色的菊科花瓣逐层粘满，制作出4片蝴蝶翅。用深色的花材做蝴蝶身体，线型花材做足和触角。用白乳胶先将4片翅按照前后关系组合，最后将蝴蝶身体的各部位组合。无论是房屋的屋顶与墙壁，还是蝴蝶翅和身体，组合时各部分都要有重叠，以遮挡关系体现物体的立体感。在制作复杂的物体时都要注意这一点。

5. 制作技巧

根据构图设计选择多种花材，灵活运用，尽量保留植物的自然形态，做出有艺术美感的作品。制作风景画时应遵循景物的透视原理表现远景、中景和近景。一些制作技巧可以加强透视效果：如在远景和近景之间添加半透明的纸，制造远景的朦胧感，增加画面的纵深感；花材运用时注意选择大并颜色鲜艳的花材放在近处，小并颜色浅的花材放在远处，

大小和颜色的渐变可以增加空间感；花材之间的重叠也可以增加画面的立体效果。另外，要用花材的颜色表现风景画的光感，如房屋墙壁受光面和背光面的颜色用不同颜色的花材区分，叶脉处于墙壁或屋顶的拐角处，每一个精细的设计都会使画面更加生动。

6. 摆放和粘贴花材

将花材摆放在草图上，根据需要进行调整直至满意，将摆放的花材按顺序粘贴，方法同压花书签制作。对于大面积全铺的花材，如天空、河流、草地等，可以将单面胶剪出相应的形状，将花材摆上粘贴，必要时用少量白乳胶固定。

7. 画框装裱

对于较大的作品可用画框来装裱。在压花画背面放置干燥板、吸氧剂等，用铝箔不干胶和铝箔胶带密封压花作品。有条件可以用真空泵抽真空，正面贴防紫外线膜（没有可以省略）。密封好的压花作品放入画框，能最大限度地隔绝空气、水分和紫外线。操作步骤为压花画正面朝下放在画框的亚克力板或玻璃板上，压花画背面放一块干燥板（如果干燥板覆有塑料膜，需要在靠近压花画的一面用壁纸刀划几道利于吸潮），在

压花画的背面贴上铝箔不干胶，贴紧不留气泡。用铝箔胶带封在四周，在亚克力板正面铝箔只留一个窄边，宽度以不露出画框边缘为准，背面与铝箔不干胶重叠，贴紧不漏气，四角贴牢，这样压花画就被封闭在亚克力板与铝箔之间（视频 5-3，视频中作品来自钟睿琦）。

步骤见图 17~22。

视频 5-3
压花画的装裱

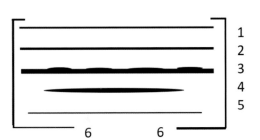

图 17 装裱示意图

1. 防紫外线膜；2. 亚克力板或玻璃板；3. 压花画；
4. 干燥板；5. 铝箔不干胶；6. 铝箔胶带

图 18 装裱材料

图 19 贴不干胶铝箔和铝箔胶带

图 20 装裱完成后正面

图 21 装裱完成后背面

图 22 完成图

四、立体干花装饰品的制作

背景知识

市售的永生花（preserved fresh flower）也叫保鲜花、生态花，是将鲜切花经过脱水、脱色、干燥、染色等一系列复杂工序加工而成的干花，其色泽、形状、特质与鲜花极为相像，相对于鲜切花颜色更为丰富且保持时间达到几年之久，是花艺设计、居家装饰、庆典活动理想的花卉深加工产品。立体干花不同于永生花，其制作工艺简单易行，只是将鲜切花用细颗粒的变色硅胶干燥，保持鲜花天然的颜色和形状，制作成装饰品。

材料和工具

剪刀，镊子，干燥砂（细颗粒变色硅胶），电热恒温鼓风干燥箱，带盖塑料盒，鲜切花，装饰品容器（透明并可密封，形状不限），热熔胶枪，小装饰物等。

操作方法

1. 处理干燥砂

使用变色硅胶干燥砂是简便的干燥方法。干燥砂与花瓣紧密接触，有极强的吸湿能力，其中含有指示剂，颜色可以根据吸水量发生变化，使用后用干燥箱烘干即可重复使用。将干燥砂平铺在搪瓷盘中，放入干燥箱，在80℃条件下进行烘干，视干燥砂吸水程度决定干燥时间，一般2~4 h即可。其间可用搅拌棒或钢勺搅动以利于干燥砂更好地干燥，冷却后将干燥砂放在密封盒中保存。

2. 准备鲜花

选择刚刚开放、花瓣质地坚韧、含水量少、厚实和中小花型的鲜切花，去掉过长枝干和残缺花瓣。玫瑰、康乃馨等重瓣花适当去掉一些花瓣，尤其是月季花心部位，花瓣与花瓣之间留出缝隙。

3. 干燥

在塑料盒底部铺一层干燥砂，将花朵朝上放在干燥砂上，用塑料勺将干燥砂小心填入花瓣之间，注意保持花朵的形状。将干燥砂填满花朵四周，直至将整朵花完全盖住，轻轻晃动塑料盒使干燥砂和花瓣密切接触。一个容器可以同时干燥几朵鲜花，为充分利用空间，周围可放一些小花和叶子。将塑料盒盖好，写上姓名和日期，室温放置1~2周后花朵即可干燥。如果将装有鲜花和干燥砂的容器放入微波炉高火加热0.5~1 min，可以加快鲜花的干燥速度。将干燥的花朵小心取出，保存在有少量干燥砂的密封盒中，干燥砂回收。市场上的满天星、勿忘我等小花，在通风处自然干燥，也能保持天然的颜色和状态，这些小花多用于陪衬。

4. 制作

根据干花的类型可以选用各种形状的容器，可以是钟罩形、多边形的玻璃容器，适合制作立体感强的干花饰品，还可以用扁平的透明盒子，适合做成立体装饰画。操作中使用热熔胶枪将干花固定在容器中，主花次花搭配，色彩协调，还可以添加一些小饰物进行修饰。

5. 保存

将容器密封，避免潮湿和阳光直射（视频 5-4，片头片尾作品来自叶琳）。

步骤见图 23~30。

视频 5-4
立体干花装饰品的制作

图 23　去掉花朵中过密的花瓣

图 24　将干燥砂填入花瓣之间

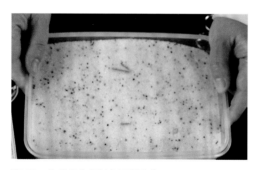

图 25　将花朵全部埋在干燥砂中

图 26　将塑料盒盖好等待干燥

图 27　取出立体干花

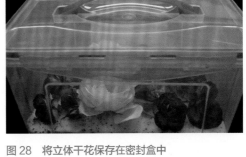

图 28　将立体干花保存在密封盒中

图 29　用热熔胶枪将干花固定

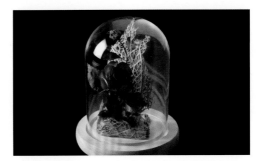

图 30　盖上玻璃罩密封，完成作品

五、滴胶压花饰品的制作

背景知识

　　制作滴胶压花饰品常用环氧树脂水晶滴胶（AB胶）和紫外线树脂胶（UV胶）。AB胶是由环氧树脂和固化剂两部分按照一定比例混合后在常温固化形成的透明固化物，常用来制作压花手机壳、纸巾盒等。UV胶是在紫外线的照射下，其中的光引发剂产生活性自由基或阳离子，引发化学反应而发生固化成为固态透明的树脂。固化时间与紫外线灯的功率、胶的厚度、胶的质量有关系。固化时间不够，树脂表面不光滑并有黏性。在实际制作中根据情况增减紫外线照射时间。UV胶常用来制作压花小饰品，下面介绍UV胶的使用方法。

材料和工具

　　剪子，镊子，干花，闪粉，UV胶，镂空金属框，防护胶带，牙签，载玻片，紫外线灯（9 W）。

操作方法

（1）将一个镂空金属框一面贴上防护胶带将金属框周边密封。胶带保持平整，平放在载玻片上。

（2）滴入金属框一半高度的 UV 胶。由于胶有一定黏度，可以用牙签将胶铺满底部，避免气泡。此步可以加少许闪粉提亮。

（3）用载玻片托住金属框一起放入紫外线灯，打开电源，照射约 5 min 使胶固化。避免眼睛直视紫外线灯。UV 胶固化是从被紫外线灯照射的表面开始，观察与防护胶带接触的胶是否完全固化。UV 胶固化为放热反应，取出时要小心。

（4）在固化的底层胶上滴加少量UV胶，摆放花材，用镊子轻轻按压贴紧，紫外线灯下照射 0.5~1 min，使花材固定在第一层胶面上，再加上层 UV 胶时花材才不会漂起。

（5）在干花上滴加 UV 胶。胶的高度与金属框取平，避免胶漫出金属框。可以用牙签将胶铺满上层，避免气泡，紫外线灯下照射 5 min 以上。如果树脂表面发粘就是没有完全固化，需要增加紫外线照射时间至表面光滑透亮。

（6）撕掉防护胶带，完成作品（视频 5-5）。

步骤见图 31~ 39。

视频 5-5
滴胶压花饰品的制作

图 31 UV 胶制作小饰品的器材

图 32 镂空金属框一面贴上防护胶带

图 33　滴入 UV 胶将胶铺满底部

图 34　加闪粉

图 35　紫外线灯照射使底层 UV 胶固化

图 36　涂少量 UV 胶，摆放干花

图 37　紫外线灯照射固定干花，再加满 UV 胶照射

图 38　作品完成

图 39 完成图

作品赏析

以下图片均来自"生物标本制作与艺术"课程的学生作品。它们或构思精巧，或形态优美，是初学者群体中比较具有代表性的作品。

图 40　书签作品

作者：鲁泽昊、陈青青、孙然、李婧、王维、赵一霖、王天新、叶子

图 41 压花画作品

作者：胡雪莹、李锐、赵子开、李嫣然、何思瑶、李冰墨、杨润宇、刘斯敏

图 42　立体干花作品

作者：龚梓桑、陈雪琦、袁梦雨、王冰漪、贾瑞敏、周暖暖、曹雅岚、石灵逍、胡雪莹

结 语

压花艺术在大学课堂的出现给学生们带来了一个窗口，可以了解到这门独特的艺术形式。在课程中，我们并没有给学生过多的限制，而是在教会大家简单的压花技术和基础的装饰手段后，任由学生放飞想象力和创造力。学生的作品中有儿时的记忆、心中的世外桃源、甜蜜或遗憾的爱情、可爱或炫酷的卡通形象等，哪怕是用花瓣拼成的数理化公式，都是学生在创作时真实情感的表达。这些用大自然的形态和色彩所展现的美好生活，也是对自己内心世界的映照。记得一位学生曾说过，在燕园这几年，一直都是课业繁重、步履匆匆，自从学习了压花后，总会在闲暇之余绕道未名湖，情不自禁地被湖边花草所吸引，低头欣赏，才发现每个生命都有它自己的姿态，大自然的色彩是如此美好。这正是本课程给学生生活态度带来的转变。我们希望也能把这份转变带给每一位读者，在繁忙的生活中记得捡起身旁飘落的花瓣或树叶，并在艺术创作中得到源于大自然的精神慰藉，让生活充满乐趣和满足。

参考资料

（1）何秀芬．干燥花采集制作原理与技术．

第2版．北京：中国农业大学出版社，1999.

（2）计莲芳．艺术压花制作技法．北京：北京

工艺美术出版社，2005.

（3）陈国菊，赵国防．压花艺术．北京：中国

农业出版社，2009.

（4）高新一，王玉英．教你学做创新压花．

北京：金盾出版社，2012.